自
察
趣
昆虫
领略神奇的昆虫世界
THE ULTIMATE GUIDE TO INSECTS
超值版
张永仁 著
黄崑谋 徐伟斌 高鹏翔
郑雅玲 江彬如 绘
海峡出版发行集团
THE STRAITS PUBLISHING & DISTRIBUTING GROUP
福建科学技术出版社

目录

方法篇

认识篇

相遇篇

观察篇

行动篇

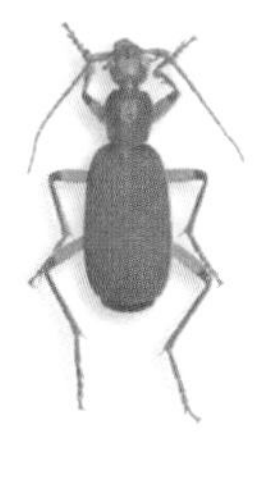

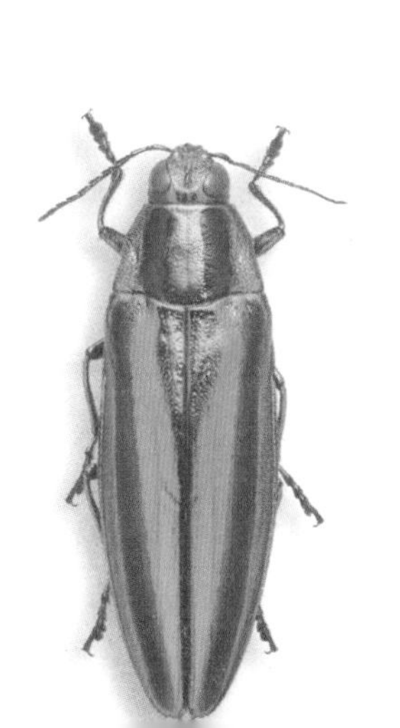

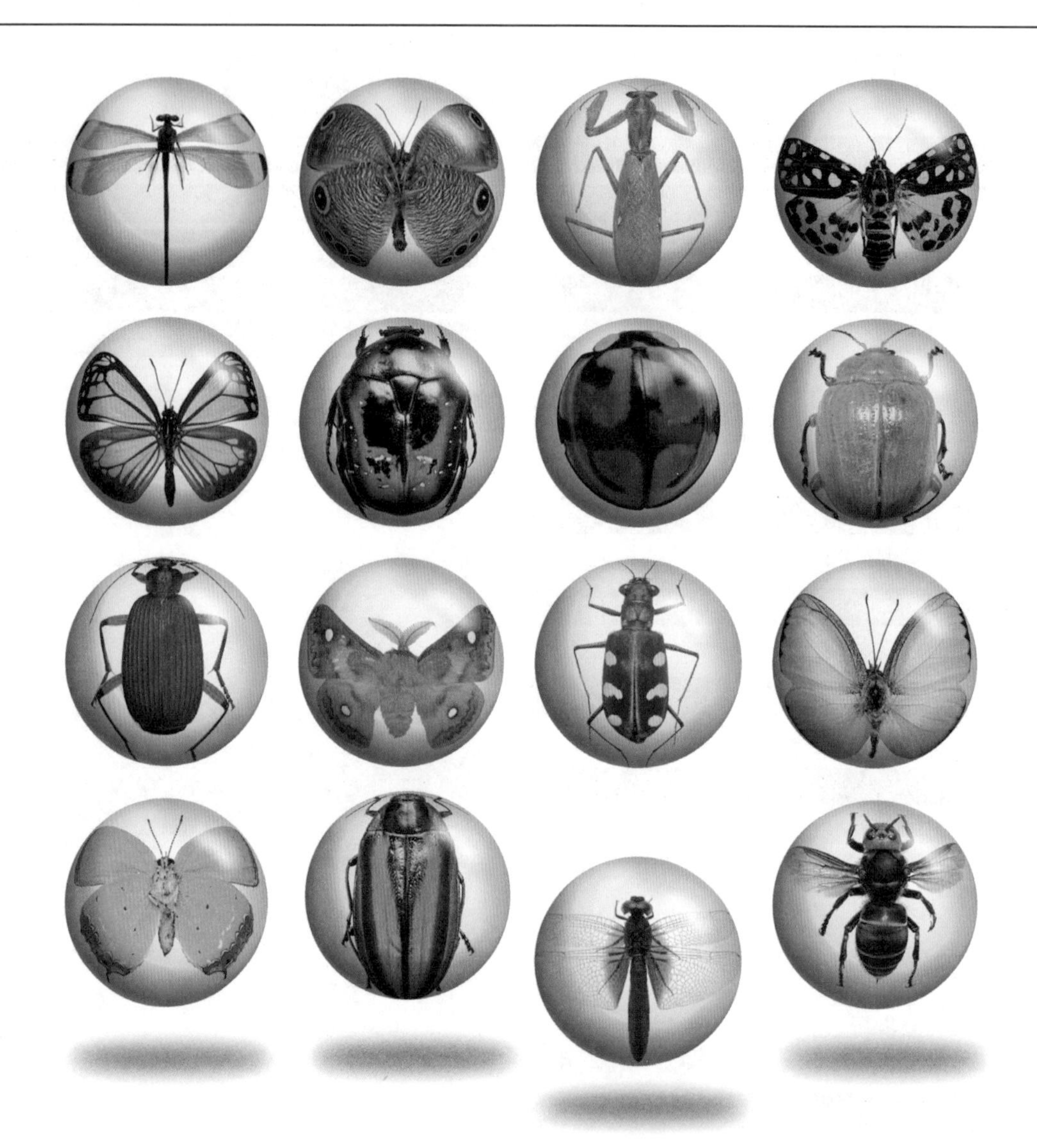

方法篇

如何辨识昆虫

想和昆虫做朋友，首先，得先知道它是谁？叫什么名字？可是身边与户外环境里的昆虫实在太多了，该如何辨识它们呢？别担心，以下便借助“方法篇”的“昆虫大类辨识法”，引领大家轻松进入丰富有趣的昆虫世界。

“昆虫大类辨识法”采用直觉对照的方式，配合“观察篇”的要诀分析，让你在最短时间内认识最常见的41个大类昆虫，数量虽不多，却是深入昆虫世界的第一步。尤其当你在户外看见一只翅膀交叠成三角圆锥形的小昆虫，而能脱口叫出“啊！是椿象！”时，便表示你已经抓住其中奥妙了。

大类辨识法

从第6页到第11页，展列了较常见的10个目、41大类典型昆虫的标本照片，每张照片都具有该类昆虫的主要特征。碰到昆虫时，只要迅速查阅此6页，依直觉找出外观最相近的类型，再翻到指示的页码，详读内容即可。

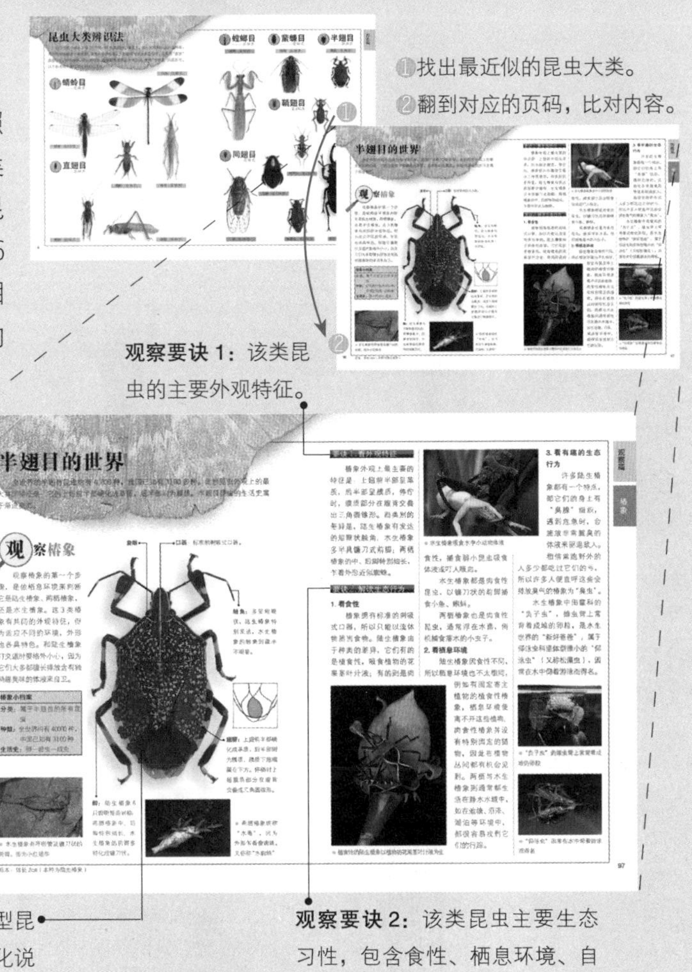

该目昆虫概述

该类昆虫概述

该类昆虫小档案：包含分类、种数、生活史。

标本资料

昆虫身体细部解读：以该类典型昆虫标本照片详细说明，拉线强化说明细部特征；虚线表示标本拍摄角度无法看到的所指部位的全貌。

昆虫大类辨识法

以下6页介绍常见的10个目、41个大类昆虫。事实上，每一大类都包含许多种类，各个种类也都有外观差异。这里出现的标本，大都能看出该大类的特征，只要用"直觉"直接比对，即可辨识。确认类型后，再根据所提供的大类页码，查阅"观察篇"内容即可。以下标本图片是该昆虫的实际尺寸。

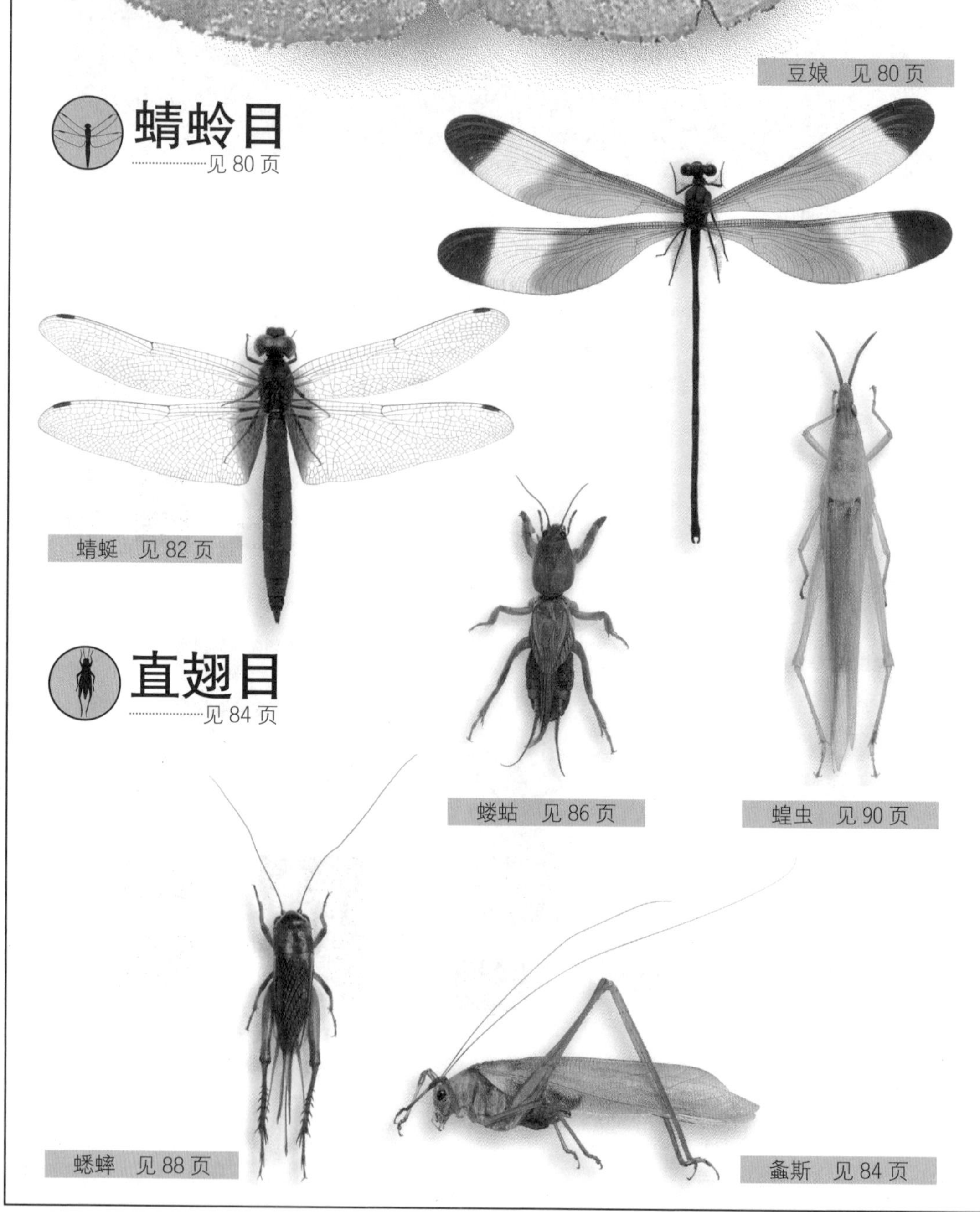

蜻蛉目

见80页

豆娘　见80页

蜻蜓　见82页

直翅目

见84页

蝼蛄　见86页

蝗虫　见90页

蟋蟀　见88页

螽斯　见84页

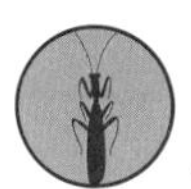

螳螂目

见 92 页

螳螂 见 92 页

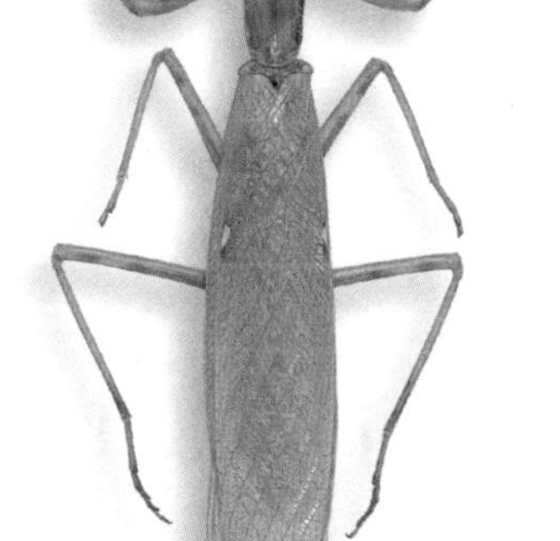

蜚蠊目

见 94 页

蟑螂 见 94 页

半翅目

见 96 页

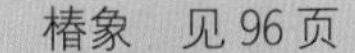

椿象 见 96 页

鞘翅目

见 100 页

步行虫 见 100 页

虎甲虫 见 102 页

龙虱 见 104 页

埋葬虫 见 106 页

锹形虫 见 108 页

同翅目

见 98 页

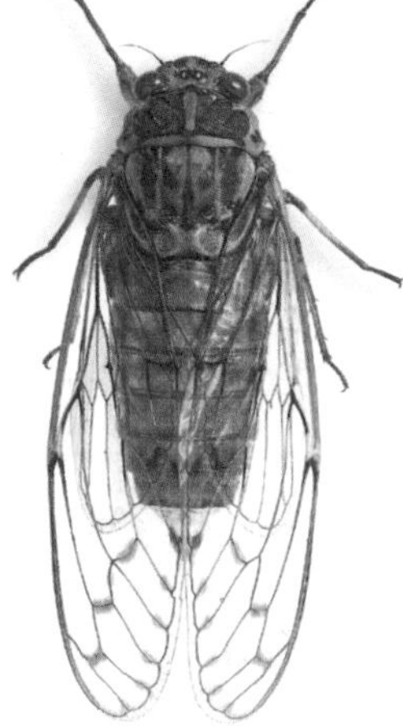

蝉 见 98 页

金龟子　见 110 页

吉丁虫　见 112 页

叩头虫　见 114 页

瓢虫　见 116 页

芫菁　见 118 页

象鼻虫　见 126 页

天牛　见 122 页

金花虫　见 124 页

拟步行虫　见 120 页

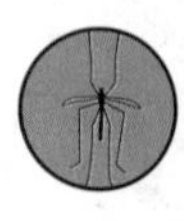

双翅目

见 128 页

蝇　见 128 页

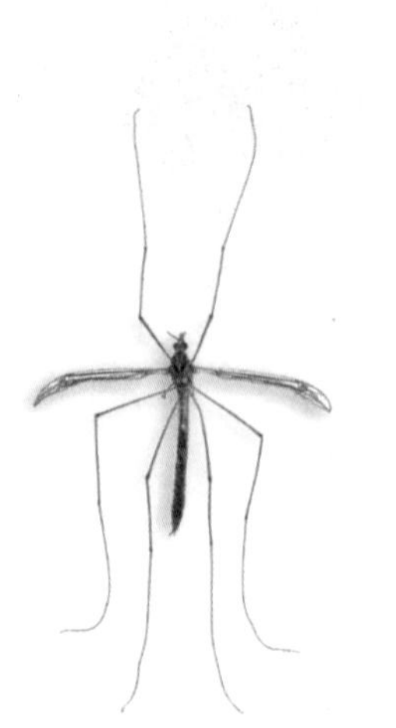

蚊　见 130 页

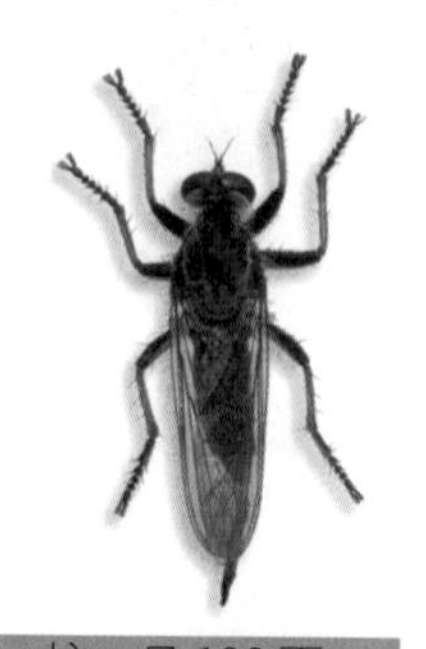

虻　见 132 页

鳞翅目

见 134 页

小灰蝶　见 142 页

凤蝶　见 134 页

蛇目蝶　见 140 页

粉蝶　见 136 页

蛱蝶　见 144 页

斑蝶　见 138 页

弄蝶　见 146 页

灯蛾　见 154 页

天蚕蛾　见 150 页

天蛾　见 152 页

尺蛾　见 148 页

夜蛾　见 156 页

膜翅目

见 158 页

蚁　见 158 页

蜂　见 160 页

认识篇

如何认识昆虫

有些人见到昆虫的第一个反应是惊声尖叫、花容失色；有些人则是深恶痛绝，想尽办法要置之于死地。小小的虫子，竟会引起如此激烈的反应，恐怕是源于多数人小时候偏颇的环境教育！其实，如果有机会多了解它们，你将发现，多数的昆虫既不可恶，也不可怕，相反地，还十分有趣可爱呢！因此，排除因认识不清而产生的厌恶感或恐惧感，正是有意与昆虫做朋友的人，所要做的首要心理调整。

下面就让我们从判断什么是昆虫开始，一步步来全方位了解昆虫。

1. 判断是不是昆虫

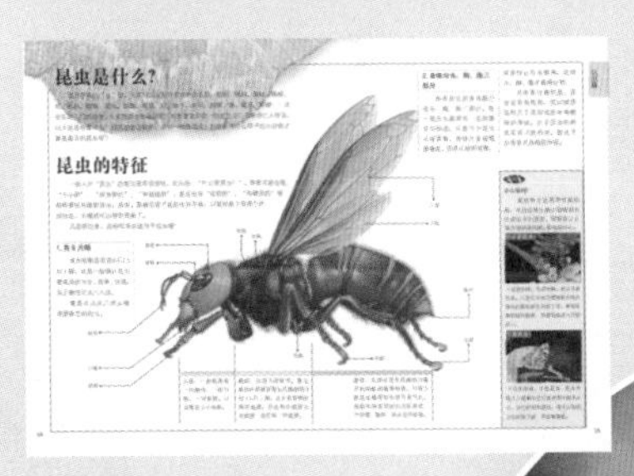

△看它是否有6只脚？身体是否分头、胸、腹三部分？

2. 细看昆虫的身体

△昆虫身体各部分的外观如何？具有什么样的功能？

3. 观察昆虫的生态行为

△昆虫吃什么？住在哪里？如何自卫？怎么繁衍？

4. 了解昆虫的生活史

◁什么是“变态发育”？昆虫的一生中，外观和习性会有什么样的变化？

5. 认识昆虫家族

△昆虫庞大的族群起源于何时？如何演化？如何分类？

昆虫是什么

翻开字典的“虫”部，大家可以找到许多动物的名称：蚯蚓、蝌蚪、蜈蚣、蚰蜒、蛇、蛤蚧、蜘蛛、蛔虫、蛞蝓、蜥蜴、虾、蜗牛、水螅、蚂蟥、螺、蝎子、蝾螈……这些五花八门的动物，大家是否全都认识呢？可知道其中哪些是昆虫？答案很让人惊讶，以上这些有着“虫”部的动物名称中，没有一种是昆虫！到底长得什么样子的小动物才算是真正的昆虫呢？

昆虫的特征

一般人对“昆虫”的看法通常很笼统，若问他：“什么是昆虫？”，答案可能会是：“小小的”“很多脚的”“有翅膀的”，甚至也有“软软的”“有硬壳的”等种种看似有理的说法。其实，要确定是不是昆虫并不难，只要检查下面两个外观特征，大概就可以得到答案了。

只是要注意，此标准仅适用于成虫喔！

1. 有 6 只脚

首先观察是否是6只(3对)脚。这是一般确认昆虫最常用的方法，简单、快速，且正确性可达 80%~90%。

像是右边这只虎头蜂便是典型的昆虫。

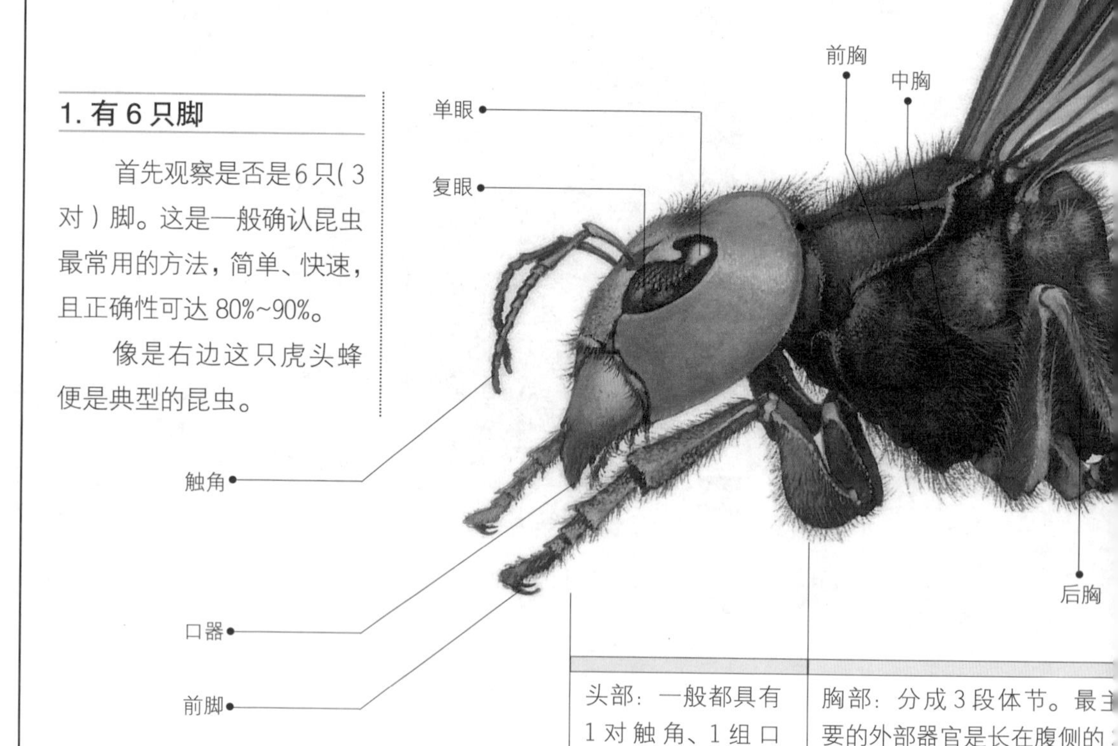

头部：一般都具有1对触角、1组口器、1对复眼，以及0~3个单眼。

胸部：分成3段体节。最主要的外部器官是长在腹侧的3对（6只）脚，及长在背侧的两对翅膀。但也有少数昆虫无翅膀，或仅有一对翅膀。

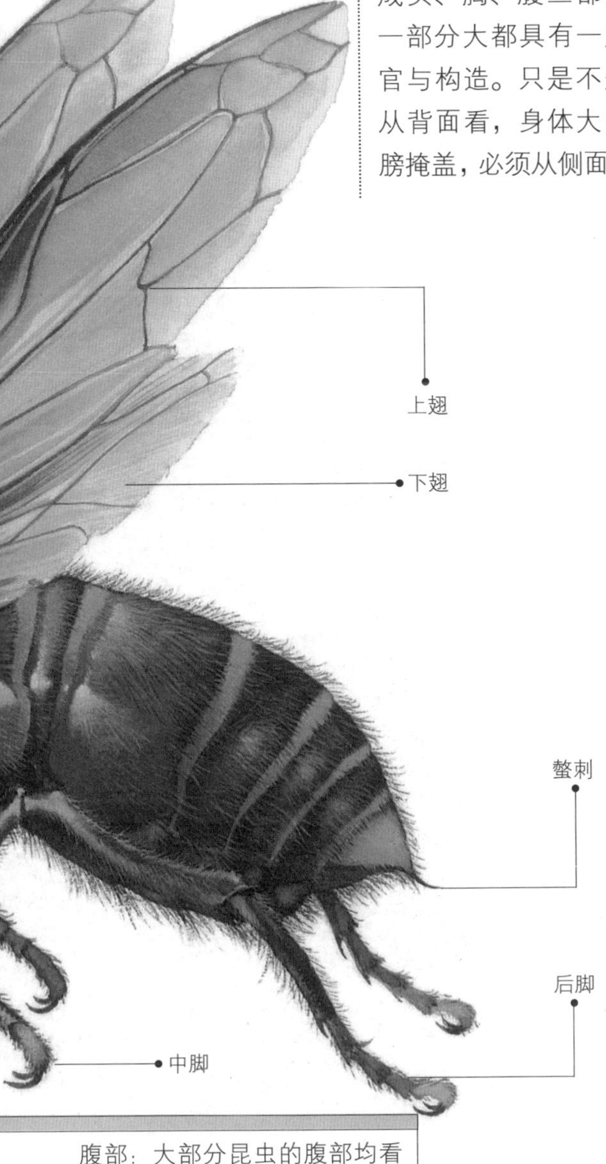

2. 身体分头、胸、腹三部分

所有昆虫的身体都分成头、胸、腹三部分，每一部分大都具有一定的器官与构造。只是不少昆虫从背面看，身体大多被翅膀掩盖，必须从侧面观察，或索性让昆虫翻身，这样头、胸、腹才看得分明！

另外要注意的是，昆虫没有脊椎骨，仅以蜡质层和几丁质形成的外骨骼保护身体。由于昆虫的种类实在不胜枚举，因此才会有各式各样的外观。

腹部：大部分昆虫的腹部均看不到明显的重要构造，只有少数昆虫看得到各体节有气孔，尾部末端有局部的交配器官、产卵管、螯刺、尾丝或呼吸管。

虫迷时间

小心误判！

虽然有上述两项检验标准，不过也有少数小动物因先天或后天的原因，可能会让人做出错误的判断，要特别小心。

它不是昆虫！

● 这是蚁蛛，有 4 对脚，所以不是昆虫。只是它平时习惯将前方两只细长的脚抬高在头的上方，看起来像蚂蚁的触角，很容易造成人们的误认。

它是昆虫！

● 这是蛱蝶，它是昆虫，但在外观上只能看见它使用两对脚来站立，它的前脚退化，缩在头部后方的前胸下侧，不易看清楚。

这些不是昆虫

在生物分类上，所有的昆虫都被划分在动物界、节肢动物门的昆虫纲。同属节肢动物门的一些小生物，尤其是蛛形纲、唇足纲、倍足纲与甲壳纲的成员，可算是昆虫的近亲，但并不是昆虫，一般人稍不留意，便很容易错认。此时不妨依前述的昆虫特征来检验，即可确认真假！

蝎子（蛛形纲）
- 身体区分成头胸部与腹部两个部分。
- 头胸部有 4 对脚和 1 对由触肢特化成的大螯夹；腹部尾端有毒螯钩。

蜘蛛（蛛形纲）
- 身体区分成头胸部与腹部两个部分。
- 头胸部有 4 对脚和 1 对触肢。

蚰蜒（唇足纲）
- 身体区分成头部与胴体两个部分，胴体细长
- 胴体每个体节有 1 对脚，脚较细长。

伪蝎（蛛形纲）
- 身体区分成头胸部与腹部两个部分，体型微小。
- 头胸部有 4 对脚和 1 对由触肢特化成的大螯夹，腹部末端无螯钩或长鞭。

螨（蛛形纲）
体区分成头胸部与腹部
两部分，体型微小，会寄
畜、昆虫或植物上。
部有4对脚和1对触
肢。
鼠妇（甲壳纲）
●身体区分成头部与胴体两个部分。
●头部有明显的触角；胴体有7对脚。
蝎（蛛形纲）
身体区分成头胸部与腹部两个部分。
头胸部有4对脚和1对由触肢特化
成的大螯夹；腹部尾端有1根细鞭。
蜈蚣（唇足纲）
胴体细长。
马陆（倍足纲）
●身体区分成头部
与胴体两个部
分，胴体细长。
●胴体每个体节
有两对脚。
海蟑螂（甲壳纲）
两个部分。

细看昆虫的身体

蹲下身子，低下头，仔细地观察一下昆虫身体的每一部分吧！先看触角，有羽毛状、棍棒状，还有念珠状；再看嘴巴，为适应食物类别，竟有咀嚼嘴、刺吸嘴、舐吸嘴之分；就连脚，都依功能分成镰刀状、船桨形哩！昆虫身体设计之精妙，简直令人叹为观止。下面就分别从昆虫的头、胸、腹，来见识这个神奇的方寸世界。

看头部

这是昆虫身体最前面的一个部分，是感觉的中心和摄食器官的所在位置。包括1对复眼、0~3个单眼、1对触角及1组口器。

复眼

一对复眼长在昆虫头部前方的两侧，是主要的视觉器官，对昆虫的摄食、求偶繁殖、避敌、栖息等各方面均有重要的作用。

复眼是由许多六角形的小眼排列集合而成的。复眼的体积越大，小眼数量就越多，相对的视力也越好。

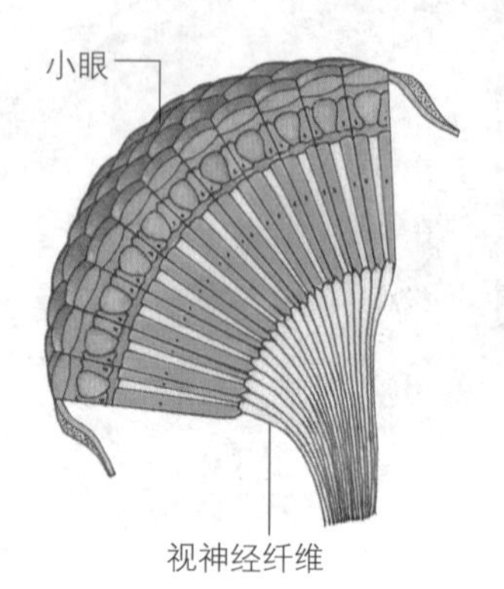

复眼剖面结构图

● 蜻蜓的复眼大，常常有超过1万个小眼，所以它们的视力较好，可准确捕捉头前1~2m、约270°范围的猎物。两复眼间的3个小点是单眼

● 蚂蚁的复眼小，顶多包含一两百个小眼，所以蚂蚁的视力较差

单眼

昆虫的单眼位于左右复眼之间，最多有3只，部分昆虫有，部分昆虫已经退化。具辅助性功能的单眼并不能呈现清晰的影像，只能区分光线的强弱和距离的远近。

触角

头部前方，长在一对复眼之间的两根须须就是触角，它是许多感觉神经

● 螽斯的丝状触角

● 背条虫的念珠状触角

● 蚂蚁的屈膝状触角

末梢的所在位置，除了兼具触觉、嗅觉、味觉外，甚至少数种类昆虫的触角还有听觉的功能呢！简单地说，触角可说是昆虫从事各项活动，如觅食、求偶时，用来探测外在环境的“雷达”。

由于昆虫种类的差异，触角的外观有极大的差别。

叩头虫的栉齿状触角

蝴蝶的棍棒状触角

金龟子的鳃叶状触角

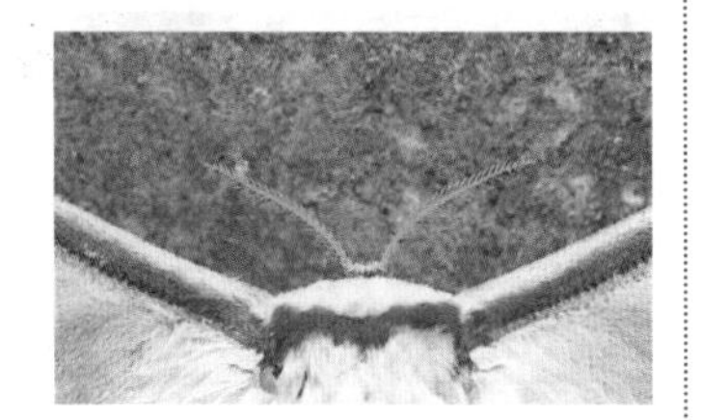

天蚕蛾雌蛾的双栉齿状触角

天蚕蛾雄蛾的羽毛状触角

长角象鼻虫的鞭状触角

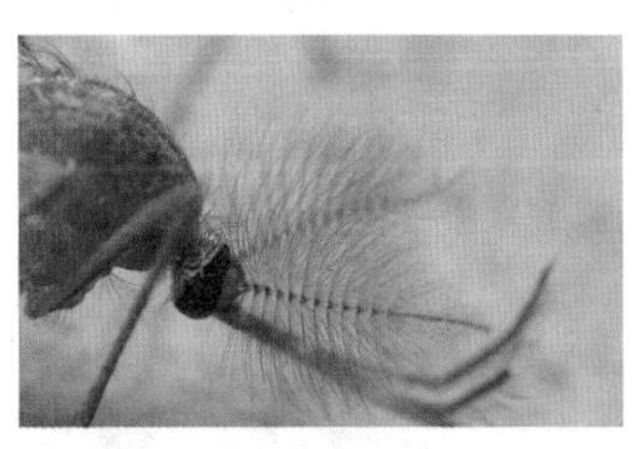

雄蚊子的镶毛状触角具听觉功能，有助于求偶

口器

这是昆虫用来摄取食物的器官，由于昆虫种类的差异和为了摄取各类不同的食物，昆虫口器的结构与功能也有很大的不同。

螳螂的咀嚼式口器，具锐利的大颚，可嚼碎固体食物

蝴蝶的虹吸式口器，外形呈吸管状，其伸长卷曲自如，适合吸食流质食物

虎头蜂的咀吸式口器，同时具有吸食及咀嚼的功能，既可以用来吸食流质食物，也可啃食固体食物

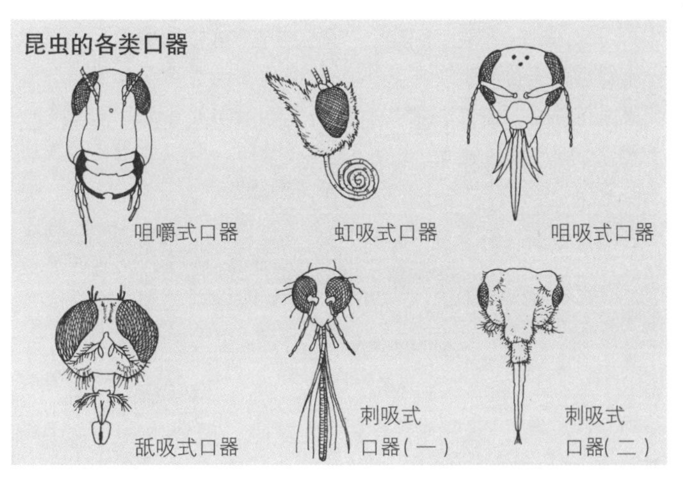

苍蝇的舐吸式口器，可分泌消化液，溶化分解食物成流质，再舔食

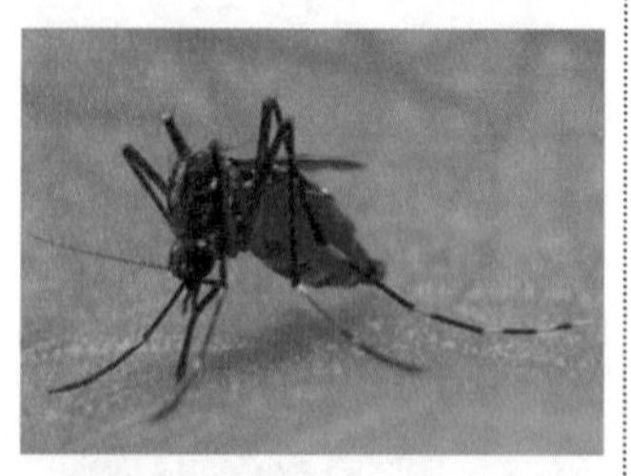

雌蚊以刺吸式口器叮人吸血

椿象的刺吸式口器，前端为尖锐的吸管状，可刺入食物内部吸食流质成分

看胸部

胸部是昆虫的运动中枢，构造上一般又可细分成三胸节，分别为前胸、中胸与后胸。背侧有两对翅膀（少数无翅膀或只有一对翅膀），分别长在中胸与后胸；腹侧则有三对脚，每一小节各有一对。

翅膀

昆虫是节肢动物中唯一具有翅膀的一类。

翅膀是用来飞行的工具，多半为宽大的薄膜状，而且有或多或少的翅脉作为支撑的骨架。昆虫翅膀的有无和翅脉的纹理结构，均是进行昆虫分类的重要参考依据。

天牛上翅特化成硬鞘；膜质下翅则藏在下方，是飞行的主力

豆娘翅膀为膜质，翅形细长，翅脉复杂

啮虫膜质翅膀上大下小，重叠分置于体背两侧

蝗虫的上翅平直覆盖体背，膜质下翅折叠于下方

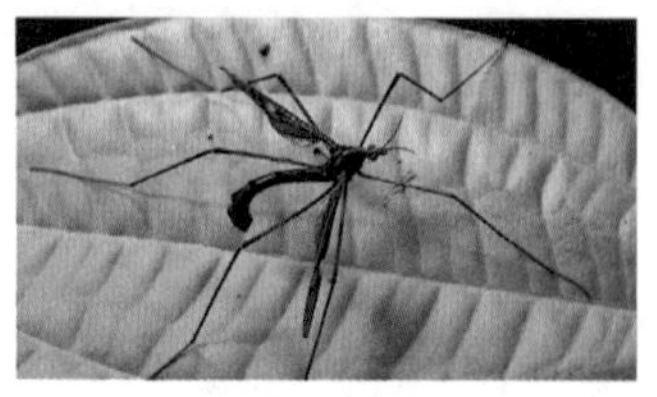

大蚊只有一对膜质翅膀，因其下翅已退化成平衡棍

虫迷时间

昆虫飞多快

拥有大面积膜质翅膀的昆虫，往往有较好的飞行力，尤其某些蝗虫、斑蝶、黏虫，更有惊人的长距离迁移能力，在它们觅食或越冬的行程中，常有集体飞行迁移数千千米的纪录。蜻蜓和天蛾是飞行速度较快的昆虫，具有持续飞行数百千米不落地休息的能耐。因此，它们能漂洋过海、繁殖族群的优势也较明显。

◎各类昆虫的飞行速度（m/s）

昆虫	速度
蜻蜓	10 ~ 20
天蛾	5
牛虻	4 ~ 14
蜜蜂	2.5 ~ 6
苍蝇	2
金龟子	2.2 ~ 3

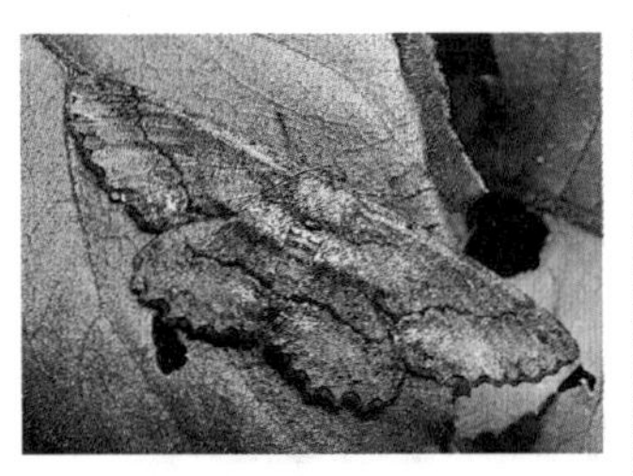

尺蛾膜质翅膀宽大，上面满布鳞片，有防水的功能

椿象上翅前半部为革质（红色部分），后半部为膜质（黑色部分），下翅则藏于上翅下方

脚

脚是昆虫除了飞行以外，进行各种活动的主要运动器官。

其 3 对脚分别称为前脚、中脚、后脚，每只脚由里而外各节的名称分别为基节、转节、腿节、胫节、跗节（有数小节）和爪。

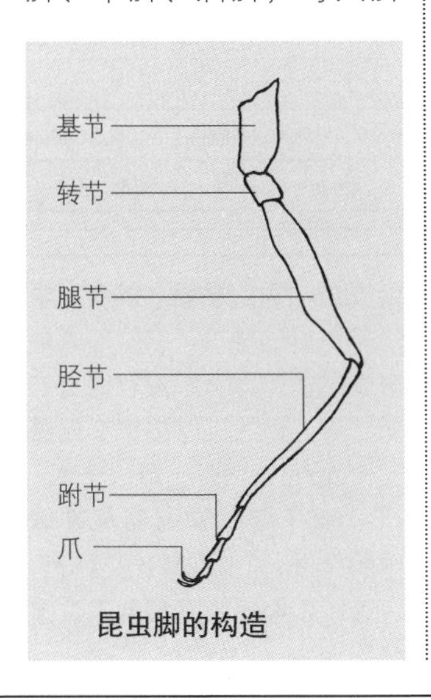

昆虫脚的构造

由于种类的差异，并为了适应生活上不同的需求，昆虫的脚会有五花八门的功能，外观也大异其趣。

蜜蜂后脚是可以携带花粉的“携粉脚”

足丝蚁前脚跗节膨大，是分泌丝线专用的“纺丝脚”

螳螂前脚呈镰刀状，是捕捉猎物专用的“捕捉脚”

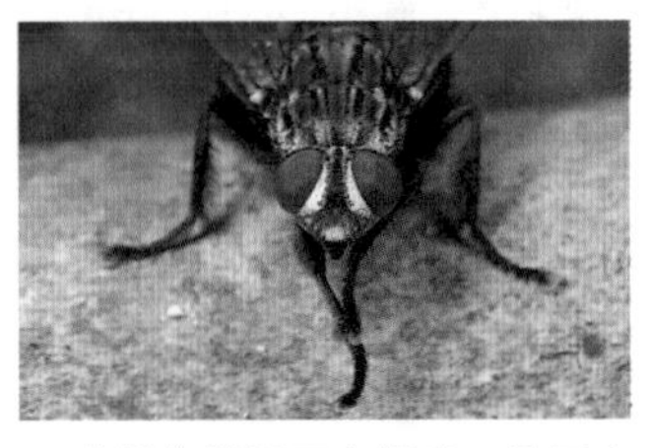

苍蝇各脚爪下有褥盘，是用来搓洗污物的“清洁脚”

蝗虫后脚腿节特别粗大，是弹跳专用的“跳跃脚”

龙虱后脚扁平且长满长毛，是划水专用的“游泳脚”

鸡虱各脚均有弯钩，是攀紧羽毛专用的“攀缘脚”

蝼蛄前脚有齿耙，是挖掘地道专用的“挖掘脚”

步行虫 6 只脚极其有力，是擅长快速疾行的“步行脚”

看腹部

腹部是昆虫身体的最后一段，是消化、生殖等器官的所在之处，由10~11个小节组合而成。

外观上，除了形状大小各不相同的交配器或产卵管外，没有其他明显的外部构造，但部分昆虫尾端另有尾丝、尾铗、螯针或呼吸管。

● 蠼螋腹部末端有尾铗

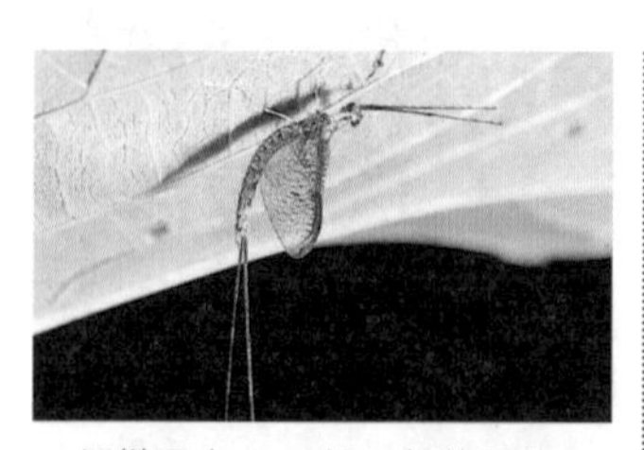

● 蜉蝣具有2~3根细长的尾丝

● 雌蟋蟀腹端除了尾丝外，还可看见细长的产卵管

● 红娘华腹部末端有可以伸出水面外的呼吸管

虫迷时间

昆虫的尺寸

昆虫和其他的节肢动物有一个共同的特点，那就是它们的身体具有外骨骼。由于身体外侧有一层外壳的限制，它们不能随着摄食而无限制地长大，而是每隔一段时间蜕皮一次，换上一层新的、更大的外壳才能继续成长。当昆虫发育到成虫阶段后，身体便不再蜕皮变化，因此它们的体型几乎都有一定的大小。

根据化石的考证，地球上体型最大的昆虫是生活于2亿多年前的蜻蜓，它的身长大约有40cm，展翅的宽度可达70cm以上。不过，目前世界上的昆虫，体长或展翅的宽度都在30cm以下；而体型微小的昆虫，体长则往往都在0.1cm以下。

下面是目前世界上常见昆虫的最大尺寸表。

常见昆虫的最大尺寸		
独角仙　18cm（含觭角）	豆娘　11cm	吉丁虫　5.5cm
天牛　15cm	螽斯　11cm	蟑螂　8cm
蝴蝶　24cm（展翅宽）	锹形虫　11cm	蚂蚁　2.5cm
蛾　25cm（展翅宽）	金龟子　10cm	叩头虫　5.5cm
竹节虫　19cm	象鼻虫　8cm	蝉　7.5cm

虫迷时间

昆虫的性别

由于昆虫种类繁多，因此，同种昆虫间，雌雄外观差异很大。一般而言，雌虫的体型和腹部体积较雄虫大。

若要进行雌雄个体的判定，因种类的不同，方法也完全不一样。以部分的蝶、蛾、锹形虫、蜻蜓、豆娘为例，雌虫和雄虫在外形、体色或翅膀的花纹等特征上会完全不同，人们很容易根据外观，一眼就认出雌雄个体。

但大多数的昆虫，雌雄个体外观并无明显差异，唯有从腹部末端的外生殖器构造来区分性别，例如蟋蟀、螽斯、姬蜂等昆虫的雌虫，在腹部尾端有明显的产卵管；没有明显产卵管者，仍然可以根据交配器官构造的不同来区分雌雄个体。

至于那些交配器藏在体内的昆虫，只有在雌雄交配时，才可以不经过生理解剖来认定性别。

小昆虫大家族

小小的昆虫，是地球上最庞大的生物族群，其种类数，比起鱼类、鸟类、哺乳类、两栖类以及其他各式各样动物的种类数总和还要多出许多！如此庞杂的昆虫世界，我们要如何从中辨识出每一只虫子的“身份”呢？可知道，这个大家族是何时出现在地球上？它们是如何以小搏大，在竞争激烈的生物界演化至今？

昆虫的种类

目前地球上已知的昆虫种类约有100万种，这个数目比起其他所有动物的种类总和还要多出很多，几占整个动物界的四分之三，而且随着各国昆虫分类学者的研究，每年大约还会多出1万个新种。可见昆虫是一个多么庞大、族繁，难以详载的家族。

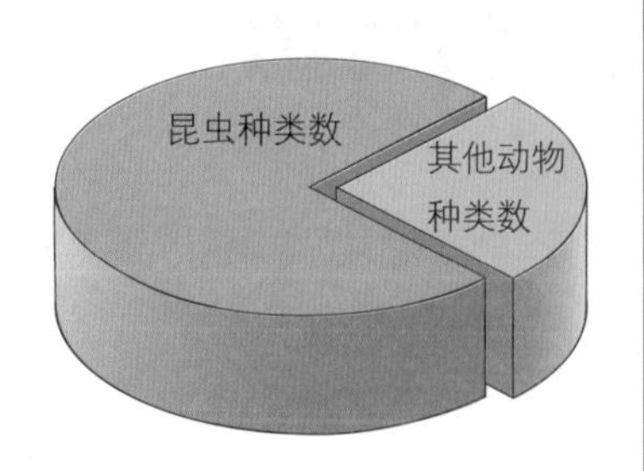

昆虫的分类法

除了每个人都熟悉的蚊子、苍蝇、蟑螂、蚂蚁等居家昆虫外，户外还有不计其数、许多人叫不出名称的各类奇虫怪虫。因此，假如没有一套完整而清楚的分类系统，别说是一般大众不清楚如何分辨它们的异同，连从事相关研究的专家都有可能发生判定错误的糗事。

幸好，分类学家已按照生物分类的7个基本阶梯——界、门、纲、目、科、属、种，将所有昆虫归入动物界、节肢动物门的昆虫纲，然后再依它们外观形态与生态习性，区分成31个“目”，例如：翅膀上有许多鳞片交互重叠的各种蛾和蝴蝶，就被归类在“鳞翅目”中；而苍蝇、蚊子、虻等下翅已经退化，外观上只能见到一对翅膀的昆虫，就被归类在“双翅目”中；还有天牛、金龟子、锹形虫等甲虫，它们的上翅已经硬化成保护腹部的硬鞘，因此就被归类在“鞘翅目”中。

这31个不同的“目”，有的成员较少，有的成员繁多。像蛩蠊目、缺翅目下都只有一“科”，是昆虫纲中最小的两个家族，全世界均不到100种；而膜翅目、双翅目、鳞翅目、鞘翅目则是4个最大的家族，“目”底下分别各有100多“科”，以鳞翅目中的夜蛾科为例，在中国就有约1600余种的昆虫。

有了次序井然的阶梯式分类归纳，每一种已知的昆虫便有各自清楚的身份，而且，人们也可以借着这个分类阶梯的定位，了解不同种昆虫间的关系。

昆虫纲的分目表

为了让人们更清楚昆虫31个不同“目”之间的远近关系，于是分类学家在昆虫纲下先区分成两个亚纲：“无翅亚纲”的昆虫先天自远古时期就不具翅膀，其中包括4个“目”；“有翅亚纲”的昆虫则在成虫阶段大部分都会长出翅膀，其中包括了27个“目”。

有翅亚纲的各类昆虫又被区分成两大类。

“外生翅类”的昆虫，小时候就有翅膀的雏形，外观与成虫差异不大；“内生翅类”的昆虫，小时候翅膀的前身深藏在体内，外观和成虫完全不同。

下面所列即是昆虫纲的分目表。

昆虫的演化

人类在地球上的历史约有 300 万年，那么昆虫的历史又有多久呢？根据古生物学家对化石的研究，地球上最早出现的昆虫是无翅的原始种类，距今最少有 4 亿年！因此，论起资历，昆虫可真是人类的老前辈。而体型不大的昆虫，居然能够通过漫长、严厉的演化考验、，不但没有步入灭绝的命运，反倒能成为地球上数量最庞大的生物族群，可见昆虫必定拥有与众不同的生存绝招，才能在生物界中存留下来。

昆虫的起源

大约 5 亿年前，原始昆虫和三叶虫等其他节肢动物，都源自一类外观类似蜈蚣的祖先，但是一直要到约 4 亿年前，无翅的原始昆虫才真正现身。到了距今 3 亿 5000 万年左右，地球上已经出现不少有翅膀的昆虫。从此以后，昆虫便开始以其惊人的繁殖力与环境适应力，逐步盘踞地球各个角落。

原始蜻蜓

昆虫的生存秘诀

恐龙绝种了，小小昆虫却存续至今，甚至变成地球上最庞大的生物族群，它以小搏大的秘诀是什么呢？

首先，“体型小”其实便是昆虫面临环境变化时最有利的优点。当地球遭受天灾地变时，大型动物往往无从逃避突来的巨变，短时间内即相继死亡，而昆虫体型小，则很容易找到安全隐蔽的角落来度过危机。

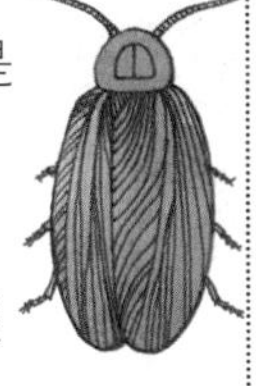
原始蟑螂

此外，昆虫的种类多、生活史短且繁殖力强，就算族群遇到灾难而大量死亡，残存的少数昆虫，仍然可以在很短的时间内，快速繁衍出下一代。因此，即使哪一天地球再次遭遇环境巨变，甚至连人类都从地球上灭绝消失了，相信生存力惊人的昆虫家族，还是能重新演化出适应新环境的种类，继续生活在地球上。

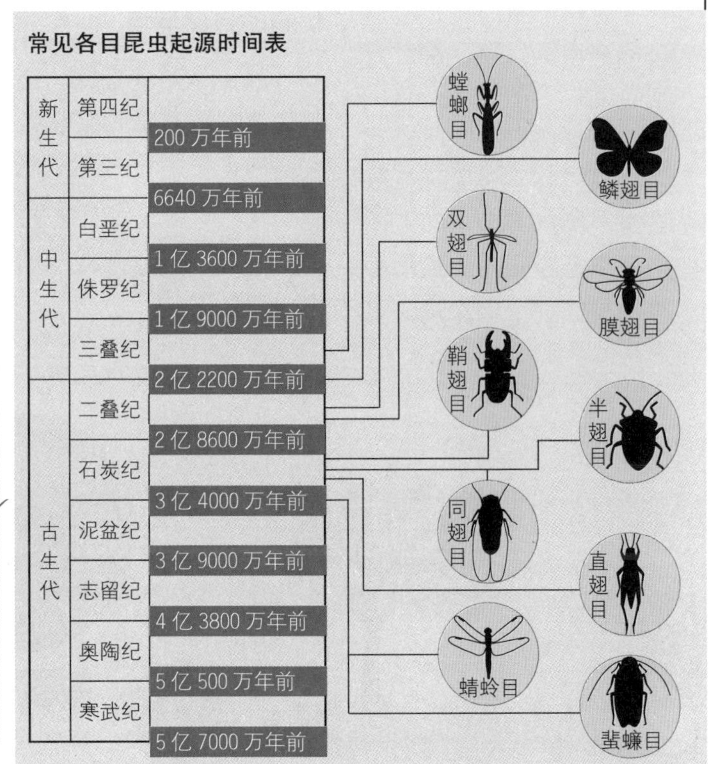

中国的昆虫

中国已定名的昆虫在50000种左右，真可谓是赏虫人的天堂。如此得天独厚的昆虫资源是怎么形成的呢？

多样化的来源

根据研究专家的推论，中国昆虫具有以下几个来源：

①经干涸大陆棚由欧亚大陆迁入：在远古冰河期海水消退的年代中，周边海峡数度干涸形成大陆棚，因此为许多欧亚地区的动物提供了迁移定居的机会，现今分布在那里的昆虫，大部分都是当初直接或间接从欧亚地区移入的昆虫所繁殖演化成的后代，所以中国的昆虫与周边的东南亚国家，甚至日本的昆虫，有不少共同性。

②由邻近地区飞行迁入：某些善于长途飞行的昆虫，偶尔会远从邻近的地区飞抵中国，少数的种类便可能在中国定居，进而繁衍下一代。

③借人类交通工具迁入：由于人类经济活动日趋频繁，不少较优势的昆虫（多为经济性害虫或卫生害虫），在近数十年间陆续借着人类交通工具迁入定居。

④借海上浮木漂移迁入：有些飞行能力较差的小型昆虫，可能会躲藏在海面浮木中，借着洋流漂送而移居中国，因此中国还会出现一些此前见不到的菲律宾系昆虫。

优越的自然环境

就自然环境而言，中国比许多国家适合昆虫繁衍；加上地形因素，从热带分布有亚热带季风气候、温带季风气候、高原和高山气候，以及温带大陆气候，海岸林到高山寒原，各种植物群落在中国都能找到，因此孕育了种类如此之多的昆虫资源。

另外，由于海洋的隔绝作用，使得中国多处岛屿内有不少昆虫演替成其他地区都见不到的特有种类，这也是我国昆虫的一大特色。

昆虫的宝库

根据分类学家的预估统计，中国实际存在的昆虫种类可能达10~30万种，这表示在野外环境中有大量的昆虫尚未被正式发现、记载或命名。这样的统计数字可以从两方面来看：其一，在中国各地随便找到一只毫不起眼的小昆虫，很可能没有人可以辨认它的正确身份；另一方面乐观地想，中国不愧是一个

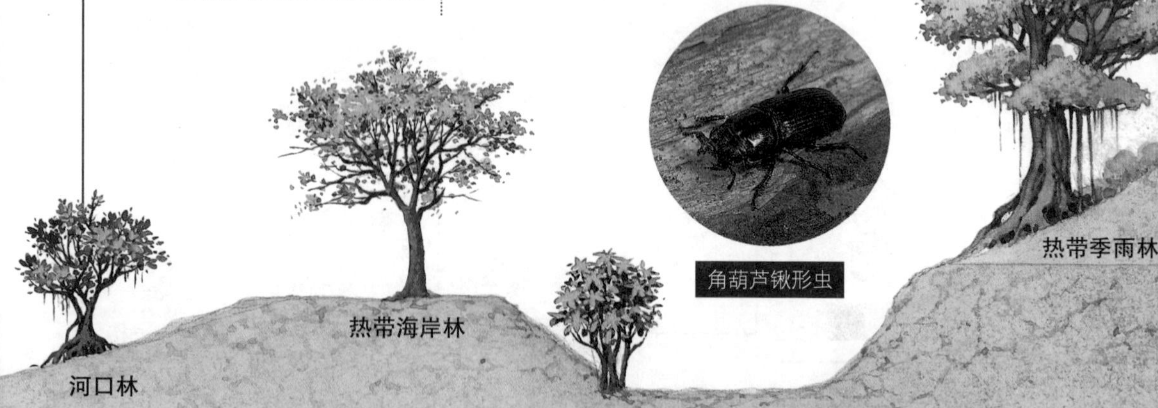

角葫芦锹形虫

昆虫的宝库，对有心从事昆虫分类的专家来说，这块美丽的大地提供了无穷的研究资源。

昆虫是这样长大的

很多不常接触昆虫的一般大众，总会以为小蟑螂长大变成大蟑螂、小蝗虫长大变成大蝗虫、小蝴蝶长大变成大蝴蝶、小锹形虫长大变成大锹形虫……这样的认知对某些种类的昆虫来说是正确的，但对部分的昆虫而言却是错得离谱。因为多数昆虫一生外形变化之剧，甚至得用“变态”来形容哩！

昆虫的生活史

昆虫是卵生的动物，自孵化后，通常会历经一段拼命吃、不断蜕皮的幼生期，直到体内生殖器官发育成熟，便“羽化”变为成虫。昆虫的成虫期多半十分短暂，体型不再发生变化，其主要任务即和异性交配，繁殖下一代。有些昆虫在幼生期与成虫期之间还会历经一段蛰伏的蛹期。

一般来说，昆虫的生活史依照成长各阶段外观与习性的差异情况，约可分成“完全变态”“不完全变态”与“无变态”3种类型。

完全变态

成长过程包括卵期、幼生期、蛹期、成虫期四个阶段。幼生期看不到翅膀，蛹期不吃也不动，它们的4个阶段在外观、习性上完全不同，所以被称为“完全变态”。

完全变态类昆虫的幼生期被称为“幼虫”。在昆虫分类上，属于有翅亚纲中所有内生翅类的昆虫都是完全变态的昆虫，例如鞘翅目的甲虫、鳞翅目的蝴蝶和蛾、膜翅目的蜂和蚁，以及双翅目的蚊与蝇等。以下就以鞘翅目的锹形虫及鳞翅目的蝴蝶为例，来看“完全变态”的生活史。

卵

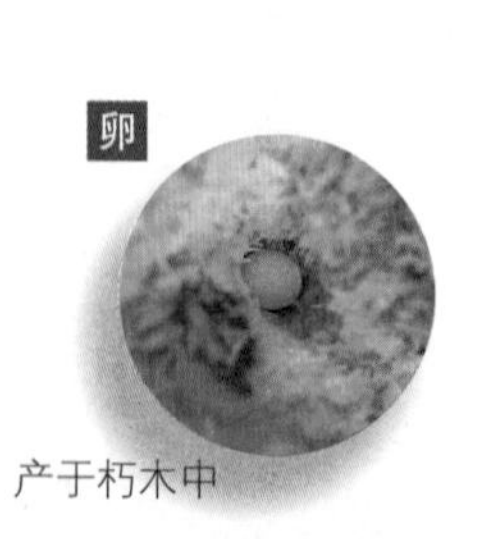

产于朽木中

幼虫

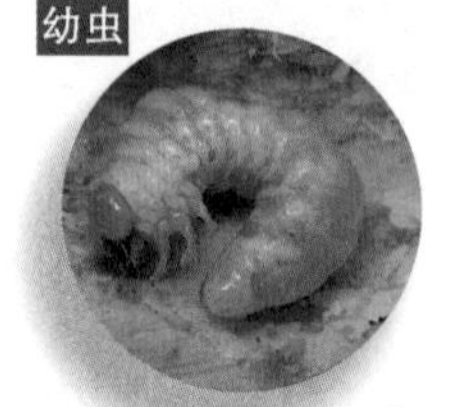

幼生期分三龄，此为三（终）龄幼虫

化蛹过程

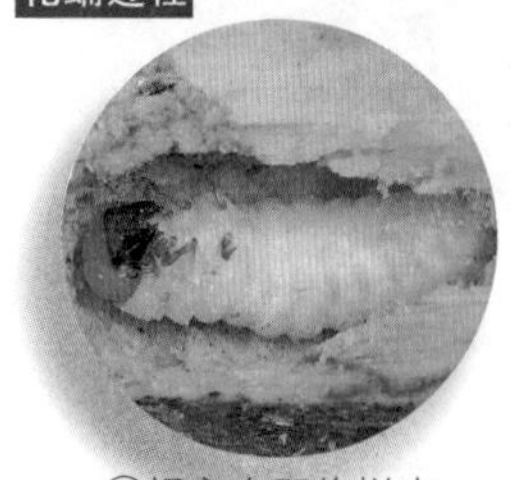

①蛹室中即将蜕皮变蛹的幼虫

④翅鞘颜色稍微变深

⑤头部抬起完成羽化

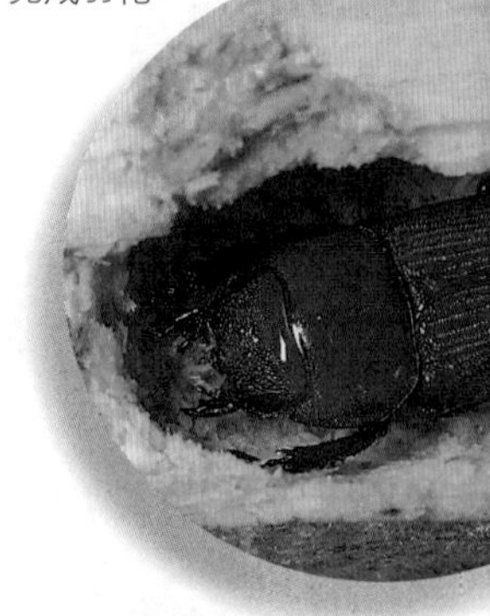

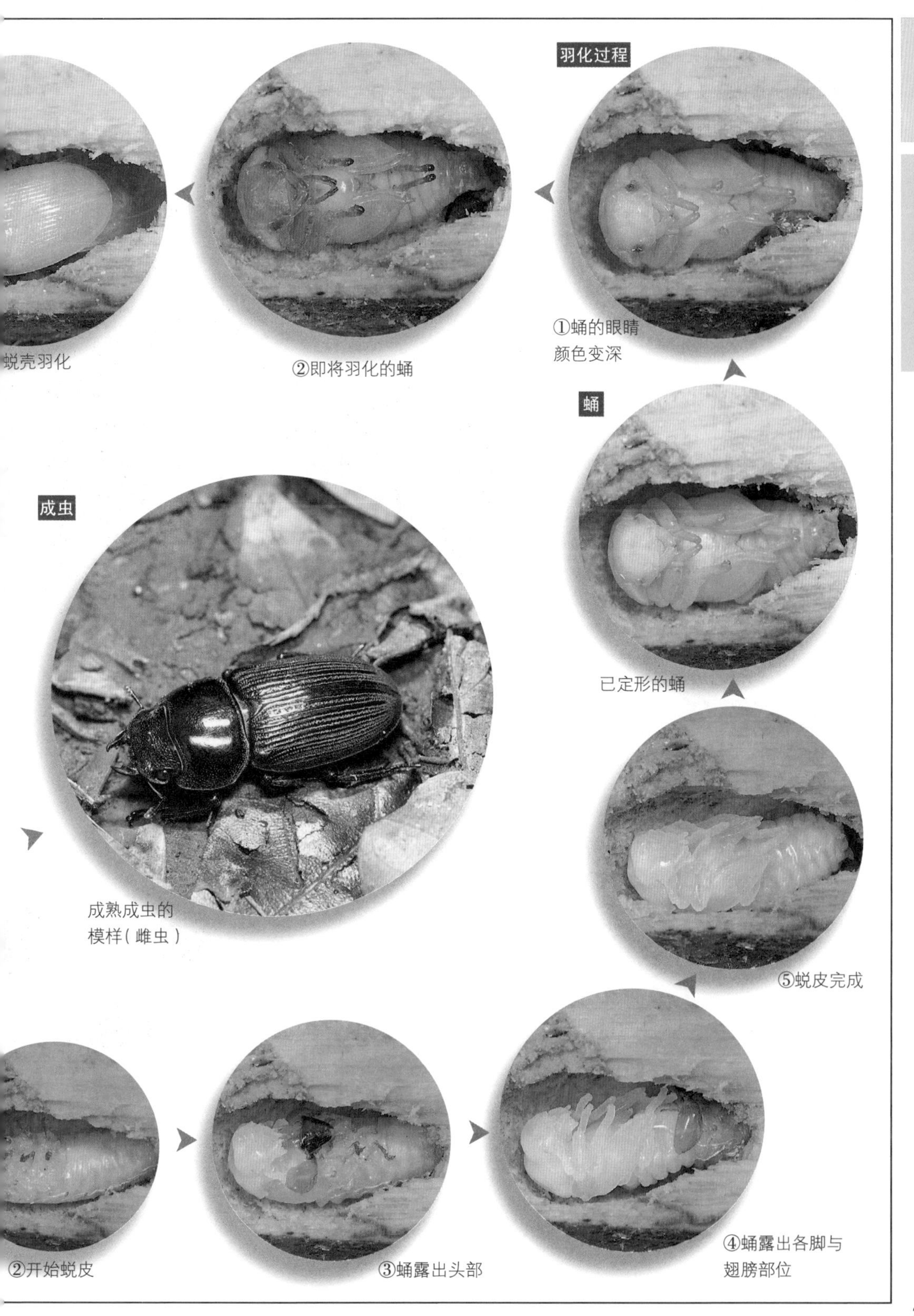

蜕壳羽化

②即将羽化的蛹

①蛹的眼睛颜色变深

已定形的蛹

成熟成虫的模样（雌虫）

⑤蜕皮完成

②开始蜕皮

③蛹露出头部

④蛹露出各脚与翅膀部位

蝴蝶的生活史

卵

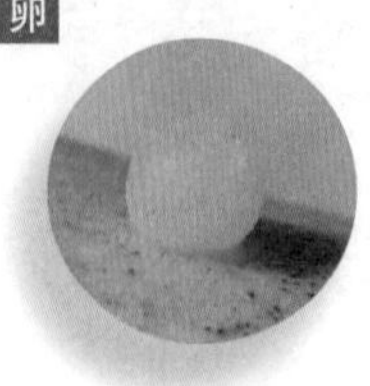

幼虫

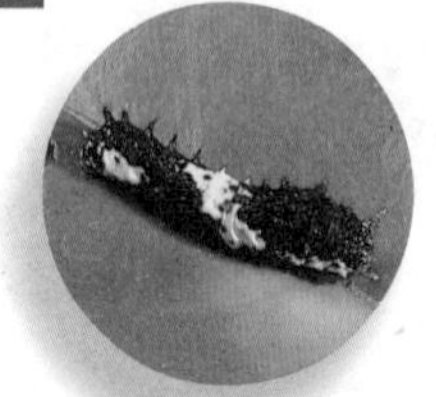

幼生期一般俗称“毛毛虫”，共分五龄，此为四龄幼虫

成虫

翅膀伸展，完成羽化的成虫

化蛹过程

①终龄（五龄）幼虫开始化蛹准备工作——吐丝形成固定尾部的丝座

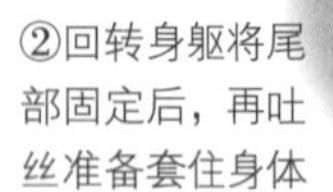

②回转身躯将尾部固定后，再吐丝准备套住身体

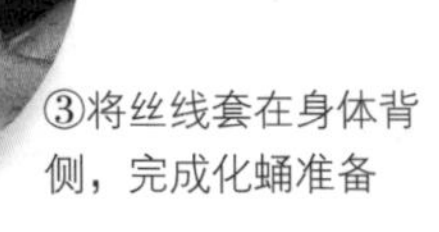

③将丝线套在身体背侧，完成化蛹准备

④身躯拱起的“前蛹”

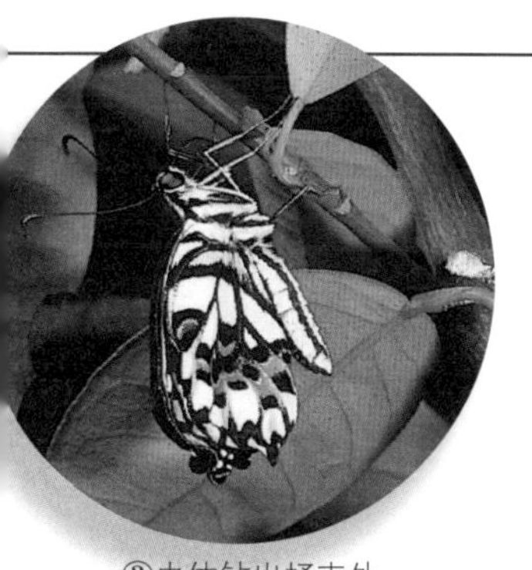

③虫体钻出蛹壳外

②开始蜕壳羽化

蛹

定形的蛹（带蛹）

羽化过程

①从半透明的蛹壳依稀可见蛹内已渐成形的成虫

⑥蜕皮完毕

⑤“前蛹”开始蜕皮

虫迷时间

什么是吊蛹与带蛹

蝴蝶的蛹因其固定方式可区分成常见的两种形态，即吊蛹与带蛹。

吊蛹：蝶蛹只有尾端固定在附着物上（如叶背或树枝），其他整个身体则倒吊悬在空中。蛱蝶、斑蝶、蛇目蝶、环纹蝶等蛱蝶科成员的蛹均属吊蛹。

带蛹：蝶蛹除了尾端固定在附着物上外，身上还有一条粗丝带环绕支撑在背侧。凤蝶、粉蝶、小灰蝶、弄蝶的蛹均属带蛹。

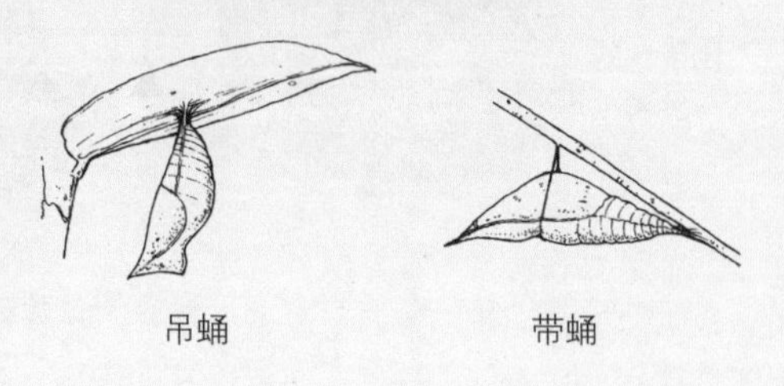

吊蛹　　带蛹

不完全变态

成长过程包括卵期、幼生期、成虫期3个阶段。此类昆虫在幼生期会逐渐在胸部背侧前端形成翅膀的前身——翅芽，幼生期与成虫期在外观上略有区别。

另外，依生态习性的改变与否，主要分成渐进变态与半行变态两类。

在昆虫分类上，属于有翅亚纲中外生翅类的昆虫，都是不完全变态的昆虫，其中又以“渐进变态”者较多。

渐进变态：此类昆虫的幼生期称之为“若虫”，若虫与成虫一样生活在陆地，食物的选择和生活习性多半无明显的差异，其中大家较熟悉的有蟑螂、螳螂、竹节虫、蟋蟀、螽斯、蝗虫、白蚁、椿象、蝉等。

以下以蟋蟀为例，来看“渐进变态”的生活史。

成虫

成熟成虫的模样

卵

产于地底

若虫

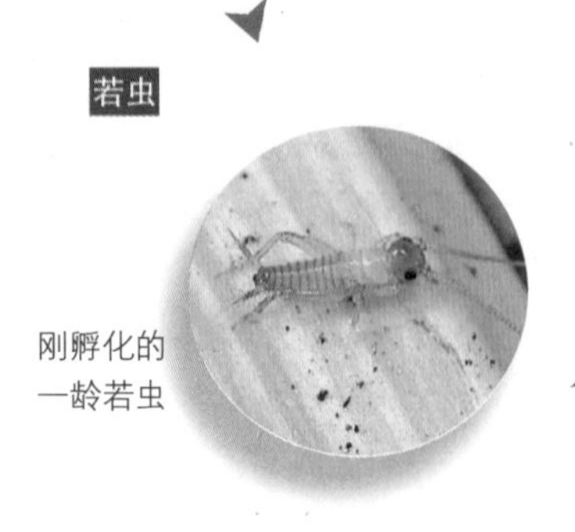

刚孵化的一龄若虫

二龄若虫

羽化过程

①即将羽化的九龄若虫
背侧已明显可见到翅

⑥翅膀逐渐伸展成形

⑤全身脱离旧皮

⑦翅膀颜色开始变深

④触角脱离旧皮

③翅膀逐渐出现并脱离旧皮

②开始蜕皮

虫迷时间

昆虫宝宝如何分龄

昆虫自卵孵化后，即称为一龄幼虫（或若虫、稚虫、仔虫），尔后每脱一次皮便多一龄，即二龄、三龄、四龄……最后一龄则习惯称之为“终龄”。依种类差异，各种昆虫幼生期的龄期各不相同，例如无尾凤蝶、黑凤蝶等常见凤蝶的幼虫及蚕蛾幼虫均为五龄；而曙凤蝶幼虫有七龄；锹形虫幼虫只有三龄；蜻蜓的稚虫则多达九至十四龄。

半行变态：此类昆虫的幼生期称为“稚虫”，生活在水中，直到长大成熟后，才会爬出水面，在陆地上羽化为成虫。因此，这类昆虫不管是栖息环境与食性都和陆生的成虫阶段大不相同。当然，这些昆虫的幼生期和成虫期的呼吸器官也不一样。

外生翅类中，蜻蜓、豆娘、蜉蝣、石蝇，都是半行变态的昆虫。

以下就蜻蜓为例，来看“半行变态”的生活史。

成虫

成虫的模样

卵

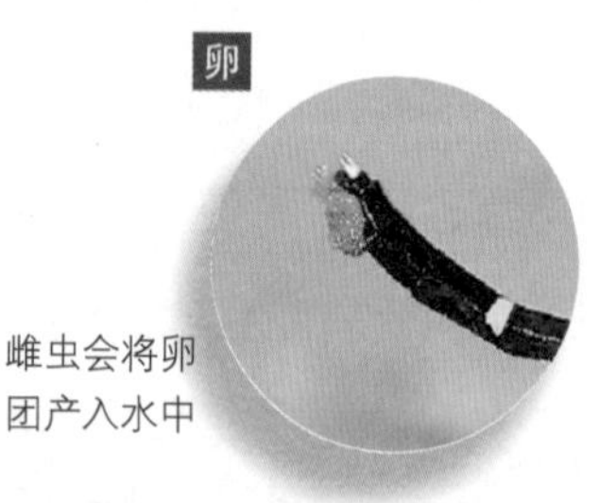

雌虫会将卵团产入水中

稚虫

水底的终龄稚虫，背侧可见到翅芽组织

羽化过程

①稚虫爬出水面

虫迷时间

什么叫做“羽化”

在昆虫世界里，“羽化”可不是“升天”（死亡）的意思，而是指：有翅亚纲昆虫的终龄若虫、终龄稚虫或蛹，经最后一次蜕皮，蜕变为成虫的过程。因为此阶段昆虫身上的翅膀也会同时伸展成形，所以“羽化”在此有“化羽成虫”之意。

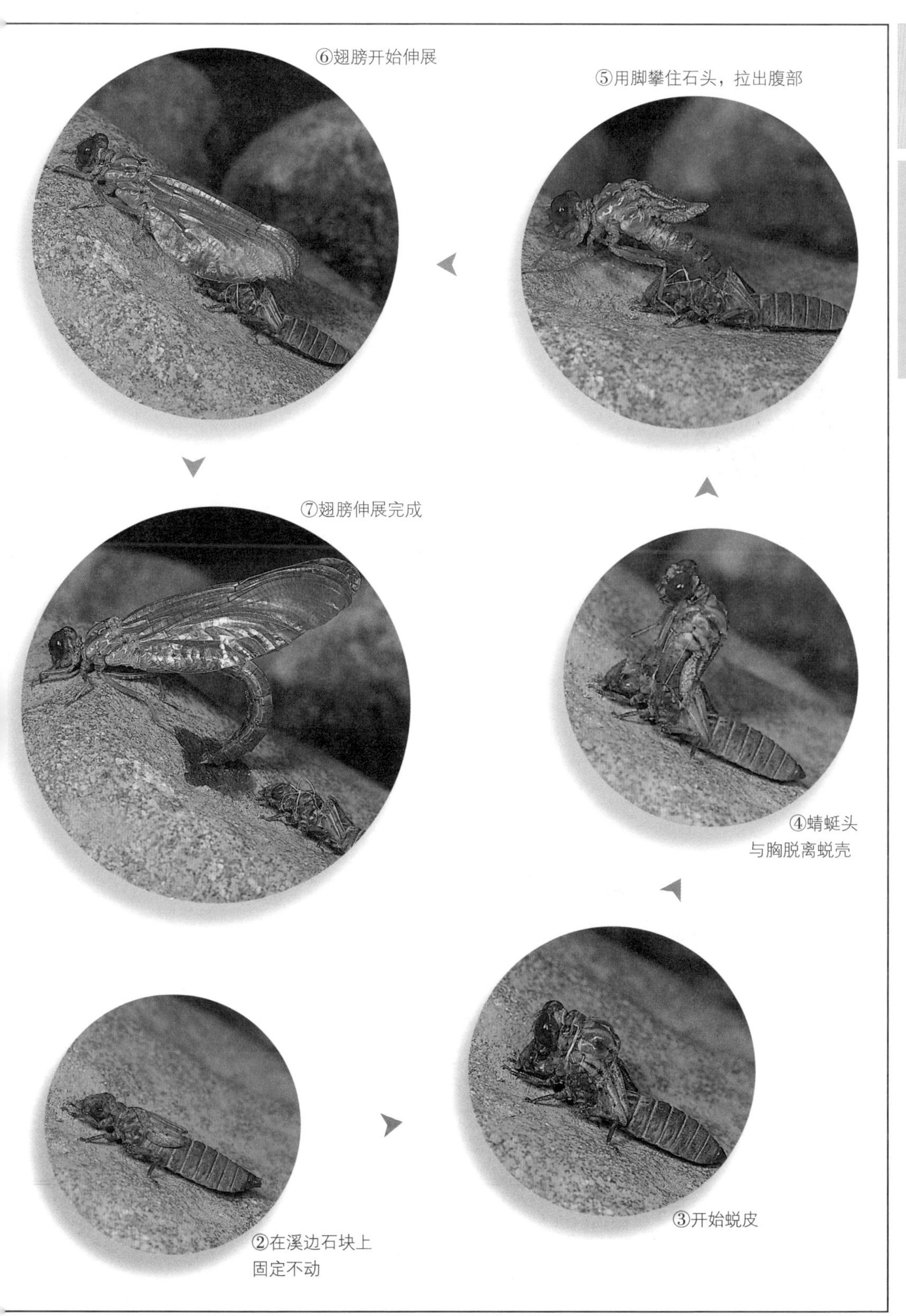
⑥翅膀开始伸展
⑤用脚攀住石头，拉出腹部
⑦翅膀伸展完成
④蜻蜓头
与胸脱离蜕壳
②在溪边石块上
固定不动
③开始蜕皮

无变态

成长过程包括卵期、幼生期、成虫期3个阶段。其幼生期称为“仔虫”，此阶段与成虫期在外观上除大小有别外，其余完全相同，连生态习性亦不会改变。

在昆虫分类阶梯中，属于无翅亚纲的各类昆虫算是无变态的昆虫。其中，大家最有机会接触到，而且体型较大的便是家中会啃食旧纸张、旧衣物的衣鱼。以下就是衣鱼的生活史。

卵

仔虫

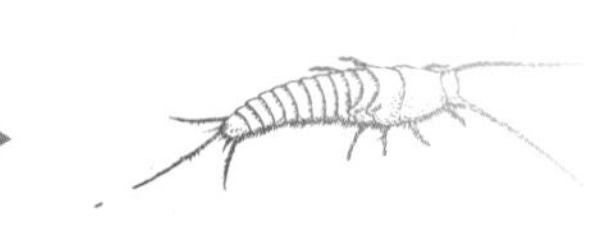

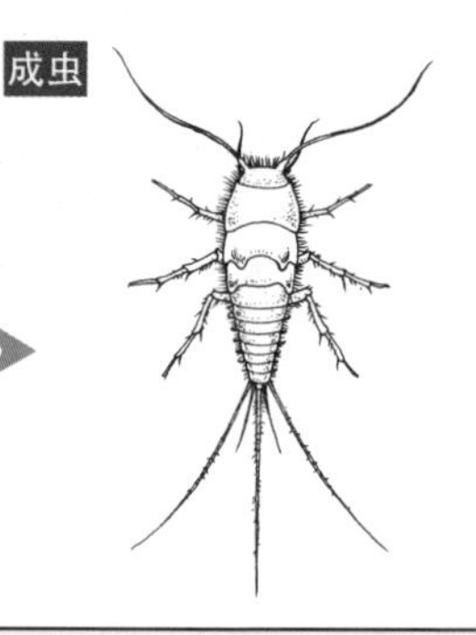

知识点

昆虫的寿命

一般人的寿命可以长达七八十岁，那么昆虫又可以活多久呢？这是许多人都很好奇的问题。

不过在探讨昆虫寿命的长短时，大家一定要记住，所谓昆虫的寿命并不是指它的成虫可以活多久，而是这种昆虫生活史的长短。所以假如有人问起某种蝴蝶、蝉或锹形虫的寿命长短，那么它们的毛毛虫、地底若虫或朽木中幼虫的阶段都应该算在里面。更重要的是大部分种类的昆虫，在它们的一生中，成虫阶段通常是较短暂的“老年”时期，摄食成长的幼生期反而占掉它们一生大部分的时光。

昆虫一生寿命的长短随着种类的不同，会有极悬殊的差异。例如有些蚜虫在一年之中会有多达30代的生命交替，平均一代只不过两个星期左右的时间；而产于美洲的“17年蝉”，它们的若虫在地底要生活长达17年，之后才会钻出地面羽化为成虫，当成虫完成传宗接代后，不久便会死去。

以下是几种常见昆虫的平均寿命。

独角仙	1年（幼虫8~10月，成虫2~4周）
扁锹形虫	1～2年（幼虫8~10月，成虫3~8周，部分越冬成虫则可存活超过半年）
意大利蜂工蜂	50～60日（幼虫6日，成虫平均35日）
蜜蜂蜂后	2～4年（幼虫6日，成虫2~4年）
大蝗	一年（若虫4~6月，成虫3~8周）
纹白蝶	35～45日（幼虫18~21日，成虫1~3周）
无尾凤蝶	45～55日（幼虫20~24日，成虫2~4周）
埃及斑蚊	35日（幼虫4~6日，成虫4周）
大螳螂	1年（若虫4~6月，成虫3~8周）
星天牛	1年（幼虫8~10月，成虫2~6周）

解读昆虫的生活

小昆虫的智慧尽管没有人类高，寿命没有人类长，但它一生所上演的戏码却绝不比人类逊色——它吃什么？怎么吃？它住在哪里？平时如何防避敌害？危险时如何自卫逃生？它是如何求偶与传宗接代……昆虫的生态行为中，隐藏着许多有趣的秘密，以下就一一来解读。

昆虫的饮食

昆虫的一生中，“吃”可谓是最重要的一件事，至于它吃什么？怎么吃？其中的学问可就大了！昆虫中约有 50% 是植食性昆虫，约 30% 是肉食性昆虫，剩下的则包含了腐食性昆虫和杂食性昆虫，以及极少数在成虫阶段不吃不喝的绝食性昆虫。以下就是昆虫的吃相大公开。

植食性昆虫

所有的昆虫中，奉行素食主义、以植物为食的种类占了近一半，几乎每一种植物都有昆虫喜欢享用；举凡植物的叶片、花朵、果实、种子，甚至树干、树枝、根等各部位，也都可能被某类昆虫视为美味佳肴。

吃花朵：如此风雅的食物也有不同的吃法，像是许多蝴蝶与蛾以细长如吸管的虹吸式口器，插入花朵的蜜腺中吸食花蜜。苍蝇会以舐吸式口器舔食花朵蜜露。而天牛除了喜爱在木本植物花丛间吸食花蜜之外，也会啃食花蕊或花粉。

不少天牛偏好啃食花蕊或花粉

蝴蝶以虹吸式口器吸食花蜜

吃果实、种子：许多腐熟掉落的瓜果，会吸引金龟子、蝴蝶、蛾、虎头蜂、蝇、蚂蚁来吸食；而果实蝇、瓜实蝇还会在瓜果上产卵，好让它们的幼虫蛀食生长。

金龟子正在吸食菠萝腐果

作为人类主食的五谷杂粮在仓储或运输过程中，则会有不计其数的储粮害虫，如米象、豆象的幼虫和成虫，以及谷盗、麦蛾、螟蛾等幼虫和成虫。

吃叶片：有些昆虫拥有咀嚼式口器，可用发达的大颚直接啃食植物叶片，像是竹节虫、蝗虫和部分金龟子与天牛的成虫，以及大部分蝴蝶、蛾类与叶蜂的幼虫等。有些昆虫则以刺吸式口器吸食叶片汁液，例如蚜虫、木虱、飞虱、叶蝉、沫蝉、椿象等都是如此。

吃树干、树枝：分成吸食树液与啃食树皮两种类型。前者包括喜好吸食树干及树枝上渗流树液的蛱蝶或蛇目蝶，以及以刺吸式口器插入树干或嫩茎

许多蛱蝶或蛇目蝶偏好吸食树干及树枝上因病变或外在原因渗透出的树液

肉直接吸食汁液的蝉与椿象，后者则以拥有锐利大颚的天牛为代表。而族群庞大的白蚁更是以蛀食树木、枯木或木制品为生。

吃根：蝉的若虫栖身地底，以刺吸式口器刺入植物的根部吸食汁液长大；而穴居地洞的蟋蟀或金龟子幼虫则会啃食蔬菜作物的地下根。

蝉的若虫以刺吸式口器吸食植物在地底下的根汁液

竹节虫以咀嚼式口器啃食植物叶片

肉食性昆虫

以其他动物或昆虫为食物的昆虫也不少，其进食方式以捕食型为主，其他少部分则属于寄生型。

捕食型：分成吃肉（啃食）与吸血（吸体液）两类。螳螂、虎甲虫、步行虫、石蛉、蜻蜓、豆娘及肉食性的瓢虫等，不论幼生期或成虫，都擅长以发达的咀嚼式口器直接将弱小猎物啃食下肚，而且除了有硬壳的甲虫外，许多肉食性昆虫都有同种相食的情形。

螳螂以咀嚼式口器啃食弱小猎物

会吸食体液的昆虫多半拥有发达的刺吸式口器，如食虫虻、水黾、红娘华、蚊与肉食性椿象等。

寄生型：许多中、小型的蜂和寄生蝇的雌虫会依本能找到特定寄主——大部分为各类昆虫的成虫、蛹、幼虫或卵；然后将卵产在寄主身上，当幼虫孵化后，便可以钻入寄主体内寄生蛀食，直到寄主衰竭身亡。

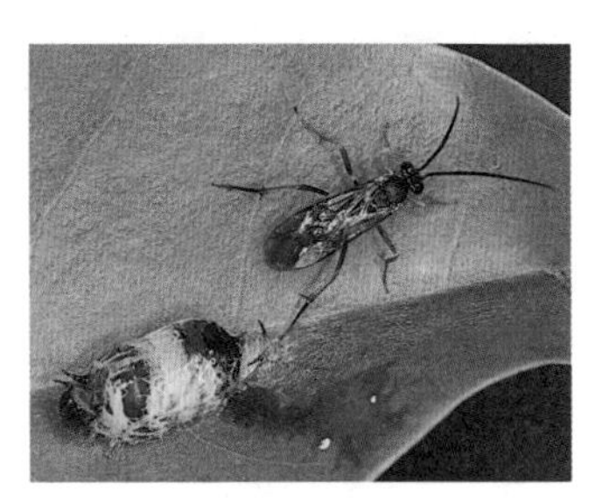

姬蜂幼王期都寄生在其他昆虫体内，图中刚羽化的成虫正咬破蛹壳钻出

腐食性昆虫

腐食性昆虫有的以腐烂的植物（腐殖质）为食物，有的则偏好动物腐尸或动物粪便。在整个食物链中，腐食性昆虫能让许多死亡或无用的动、植物遗骸重新分解、回归大地，扮演着“分解者”的角色，是地球上不可或缺的重要成员。

吃动物腐尸：不少苍蝇喜欢舔食腐肉，并在腐肉上繁殖同样以腐肉为食的后代。而埋葬虫不管是幼虫或成虫都酷爱食用动物腐尸。

埋葬虫正在啃食癞蛤蟆腐尸的脚爪

吃动物粪便：不少蛇目蝶或蛱蝶偏好吸食动物粪便或腐尸的汁液。被称为“屎壳郎”的粪金龟成虫及其幼虫更以动物粪便为主食。

不少蛇目蝶或蛱蝶喜爱吸食粪便或动物腐尸汁液

跳虫生活在腐土或腐叶、腐木中，以腐殖质为食，所以也是腐食性昆虫

吃腐殖质：体型微小的跳虫常生活在腐叶堆或泥土中，以腐殖质为食。

杂食性昆虫

有一些昆虫比较不挑食，不论动物性或植物性食物均可适应，称为杂食性昆虫，像是蚂蚁、蟑螂、叩头虫、蟋蟀等都是杂食性昆虫。

各种杂食性昆虫拥有不同的口器构造，因此有不同的进食方式与习惯。

虫迷时间

不吃不喝的昆虫

就昆虫的一生而言，短暂的成虫期几乎算是生命的最后阶段，唯一的责任就是传宗接代。

因此，部分昆虫在成虫阶段，口器会退化，失去进食的功能，以便专心交配、繁殖。例如人类常饲养的家蚕蛾，以及体型硕大的天蚕蛾都是如此，它们通常在完成繁殖后代的责任后，即很快死亡。

昆虫的窝巢

大部分昆虫过的都是风餐露宿的生活，顶多在有需要时，临时找个合适的隐蔽场所来栖身。不过，有少数为了躲避天敌侵害的昆虫，或具有群居习惯的社会性昆虫，会制造属于自己的“家”，可谓是昆虫族中的“有巢氏”。

群栖的窝巢

膜翅目昆虫中的虎头蜂、长脚蜂、蜜蜂、蚂蚁，以及等翅目的白蚁等，都是分工较精细的社会性昆虫。此类昆虫的特性之一即是拥有群居的窝巢，除了提供共同栖身的场所外，不少昆虫的窝巢还可以当作孕育幼虫的摇篮。此类窝巢多为固定的形式，但地点、大小、材质因种类而异，从外观上看，大致可分为封闭式与开放式两类。

封闭式：此类窝巢从外面看不到内部结构，像是虎头蜂和蜜蜂的窝，从外面看不到里面六角形的育儿巢室；而某些在地底筑巢穴居的蚂蚁和白蚁，它们在地下的家，孔道复杂，人们从地面上也很难一窥全貌。

白蚁为了遮蔽活动通道，会在野外枯木或树干表面覆盖一层泥土状物质，拨开后，可见到许多迅速躲入巢穴的大小白蚁

虎头蜂窝巢属于封闭的，只可看到少数出入的孔道

在地底筑巢的蚁窝地表，经常可以看到细砂粒小土堆

长脚蜂的巢属于开放式的，适合观察工蜂育幼的生态

开放式：同属蜂类的长脚蜂，其蜂巢的形式则为开放式，外观上可以直接看到里面六角形的育儿巢室；而常在树木茎干上栖身的足丝蚁虽然不是标准的社会性昆虫，但其巢

穴更特别，它们以前脚的丝囊分泌丝线，铺设成一层层不太细密的线网巢穴和爬行活动的丝网隧道，整个小族群便共同生活在如此开放、简陋的窝巢中。

长脚蜂的窝巢属于开放式的，外面看得到六角形的育婴巢室

足丝蚁的开放式窝巢较简陋

独栖的窝巢

属于“有巢”阶级的昆虫中，有一些习惯于独居，它们的窝巢形态千奇百怪，大致可分为固定式与活动式两大类。

固定式： 鳞翅目昆虫中的弄蝶、卷叶蛾和少数蛱蝶的幼虫，以及部分的蟋蟀都会制造固定的叶苞为家。另外，也有很多石蚕幼虫的水中住家是固定的形式。

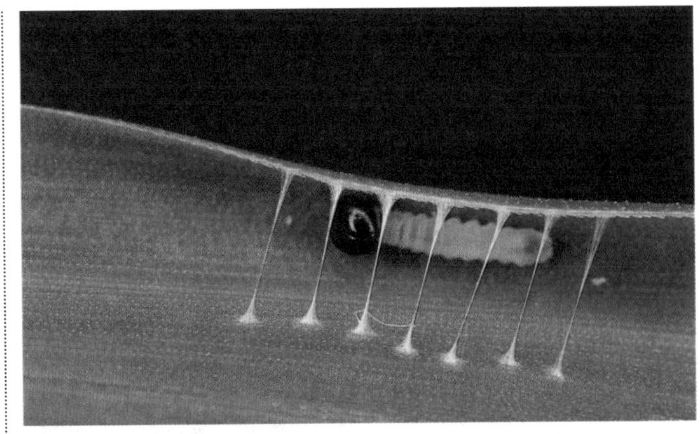
弄蝶幼虫准备将植物叶片卷制成固定不动的“叶苞”巢

活动式： 有些昆虫的窝巢会跟着活动地点而迁移，像是避债蛾的幼虫即会吐丝将枯枝、枯叶的碎片编织成一个紧密的窝来栖身，而且可以随时背着这个活动式的“家”到处爬行。

在野外常见避债蛾幼虫背着虫苞到处爬行

虫迷时间

社会性昆虫

要被称为“社会性昆虫”，该昆虫的成虫必须具备以下3个基本条件：一是群居，并有世代重叠的情形（简单地说，即必须有“两代同居”的情形）；二是有共同育幼的习惯；三是成员间有生殖阶级、工作阶级的身份区分。

大家最常接触到的社会性昆虫不外乎前面所提到的蜜蜂、长脚蜂、虎头蜂、熊蜂、蚂蚁和白蚁等。

不同种类的社会性昆虫，其族群大小、筑巢的位置与形态、阶级层级的多寡、分工的复杂度、配对繁殖与世代交替的方式皆不尽相同。

蜂群中唯一的蜂后仅负责产卵繁殖，是蜜蜂家族最高位的生殖阶级

昆虫的生命安危

在大自然中，任何一种昆虫都是整个食物链的一员。由于昆虫体型微小，为了确保自身的生命安全及族群的长久存续，昆虫会尽量发挥其求生本能来避免天敌的侵犯——平日即做好避敌的预防措施，一旦遭受攻击，也能使出招数自卫，以求安全逃生。

避敌法

昆虫一般最常见的避敌方式有三大类，一是体色模仿栖息环境，让天敌不易察觉它的存在；二是拟态成天敌不感兴趣的物体；三则是以部分外观模仿其他凶恶的动物，使天敌误以为是可怕的敌人，如此一来，即可躲开天敌的侵扰，安安稳稳地过日子。

保护色：运用和自然环境相同色调的体色来隐藏行踪，这是不少昆虫减少被天敌侵害的保命方式。这种具有保护安全作用的体色，就称为“保护色”。

绿色和褐色两大色系是昆虫栖息环境中最常见

绿色骚斯栖息于绿叶丛间，可确保安全

褐色蛇目蝶置身枯叶中，敌人很难发现它

的颜色，因此昆虫的保护色也几乎都以这两种颜色为主。有趣的是，某些昆虫同一种的个体间，有的体色是绿色，有的是褐色。它们自然不会像变色龙般随不同栖息环境改变体色，但是却懂得选择在与自己体色相似的环境中生活，这可是昆虫一项相当有趣的求生本能。

拟态术：某些昆虫为了减少天敌的威胁侵犯，经过长久演化之后，外表便会长成酷似其他物体或动、植物的模样，这种本能被称为“拟态”。

通常这些昆虫拟态的

枯叶蝶拟态成枯叶，几可乱真

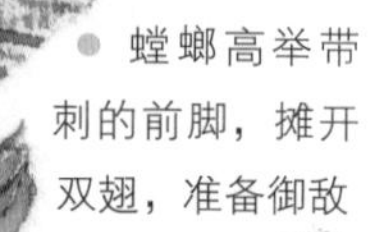

螳螂高举带刺的前脚，摊开双翅，准备御敌

对象便是它们的天敌所不能吃、不愿意吃或不敢随便侵犯的物体或动、植物，如鸟粪，有毒或有异味的昆虫、植物枝叶或果实等。天敌猛然一见，不是不敢动口就是没胃口，自然不会久留，昆虫便能因此逃过一劫。

拟态成蜜蜂的食蚜蝇，可以减少敌人侵犯的可能性

图中下左和下中两段“枯枝”是活生生的蛾类成虫

象鼻虫拟态成鸟粪，是非常高明的障眼法

枯球萝纹蛾翅膀上的诡异眼纹是恐吓、蒙骗敌人的花招

假眼纹：在适者生存的自然法则下，不少昆虫逐渐演化出奇特的外观，足以和它们的天敌大玩欺敌保命的心理战，其中一项便是“假眼纹”。假眼纹是成虫或幼虫身上如眼睛般的花纹，也可以说是蒙骗敌人的另一项拟态花招——大的假眼纹可以恐吓天敌，小的假眼纹则可以作为转移攻击要害的牺牲点。

许多常见的凤蝶幼虫和天蛾幼虫，都具有威吓功能的假眼纹。不少蛇目蝶、小灰蝶的下翅外侧或后侧，则具有转移攻击目标的假眼纹。

自卫法

大敌当前，小昆虫要如何自保呢？从溜之大吉、装死，到各种形式的反击，花招百出，令人不能小觑。

虫迷时间

警戒色

大部分身上有毒的昆虫、幼虫，甚至蛹，外观上几乎都有一个共同的特色，那就是体色或斑纹鲜艳、对比强烈，甚至光彩夺目。这样的外观特征代表着强烈的警示作用，称为“警戒色”，可以让无知吃下它们的天敌永远记得它们特殊的长相，或是让曾经吃过亏的天敌，知道这是不好惹的对象，不可以再随便侵犯。

看到斑蝶幼虫这样的体色，恐怕少有小动物敢下手捕食

直接逃避：绝大部分的昆虫在遭受天敌攻击时，都会使出最直接的反射动作——设法飞或跳或跑，赶紧逃离危急的现场。

例如蝴蝶、蛾、蚊、蝇、虻、蜻蜓、豆娘、蝉、蜂和部分金龟子等动作灵敏又擅长飞行的昆虫，只要遇到轻微的骚扰惊动，它们便会本能地到处飞窜，借助快速的飞行速度逃过一劫。

而蝗虫、螽斯、蟋蟀、叶蝉、广翅蜡蝉、沫蝉和部分的金花虫等，虽然飞行速度不够快，但是它们拥有发达的跳跃式后脚，一旦遇到危险的状况，习惯采用瞬间弹跳或是连跳带飞的方式来闪避天敌的侵害与追击。

蟑螂、步行虫、放屁虫、虎甲则是快速疾行的高手，危险时刻就紧急爬窜，一样可以逃避敌害。

装死：由于许多昆虫的天敌不吃死尸，因此，以装死来脱身可说是昆虫一种智慧的反应，在六足世界里，擅长“装死”的昆虫数不胜数。

其中，多数甲虫即是惯用“装死”避敌的能手，不论是瓢虫、象鼻虫、锹形虫、叩头虫、金龟子、天牛、黑艳虫或阎魔虫等，当它们遭到惊扰时，马上会将六脚和触角向内缩，动也不动，就像只死虫子一样。若刚好在植物枝丛间活动，六脚一缩的结果，先是笔直向下降落，接着，迅速地在半空中伸展出下翅，趁机飞离危险现场，动作慢的则会掉入杂乱的草丛地面，好一阵子不再有任何动静。不论是瞬间装死或长时间装死，都是逃避天敌近身攻击的绝招，具有不错的保命效果。

擅长飞行的昆虫都会以快速飞行来逃避敌害

少数吃食草本植物叶片的蝴蝶、蛾的幼虫，也有在危急时候装死、向下掉落以逃命的本能。不过，吃食木本植物的蝴蝶和蛾的幼虫就不会有这样的反应，否则从高大的乔木上装死掉落，恐怕未被捕食，反而先摔死了。

瓢虫会装死以求自保

反击：除了逃避以外，在遭到侵犯时，有些昆虫会衡量自身的能力与对手的伤害程度，而施展出积极、凶猛的攻击——用毒针、大颚、脚，试图击退或吓阻敌人。

蜂是运用毒针最典型的代表，无论是姬蜂、长脚蜂、虎头蜂、蜜蜂、熊蜂、细腰蜂等，雌蜂或工蜂尾部的毒针便是反击的最佳武器，想要加害它们的天敌，难免得冒着被蜇伤，甚至被蜇死的风险。

用强壮或锐利的大颚来反咬天敌，也是昆虫世界中一项积极攻击的方法，在突发的凶恶反击过程中，

带有尖刺的强劲后脚，是蝗虫攻击敌人的最佳武器

这些昆虫可以趁对手疼痛慌乱的瞬间顺利逃命。经常采集昆虫的人，恐怕多少都有被锹形虫、天牛、螽斯、蝗虫、石蛉等昆虫咬痛或咬伤过的经验。

有些昆虫驱敌的秘密武器是强壮的前脚或后脚，尤其脚上若带有尖刺，威力就更惊人了。使用这种攻击法的昆虫以蝗虫和螳螂为代表。

用毒保命：除了蜂或少数蚂蚁会用毒针反击之外，大自然中，天生懂得用毒来防身或保护族群命脉的小昆虫更是不胜枚举。

某些蛾类的幼虫，如刺蛾、毒蛾、枯叶蛾和部分的灯蛾，身上都长着或多或少的棘刺或细毛，这些毛刺和体内的毒腺相互连接，一旦人们不小心碰触了，黏膜部位或较细嫩的皮肤便很容易疼痛、起泡；如果哪个天敌硬是将它们吞食，当然也不会有好下场。所以，吃过亏的天敌下回若再看到相同的虫子，就不会再有任何食欲了。

被刺蛾幼虫身上的毒刺扎到会疼痛不堪

有些甲虫或蝴蝶、蛾类幼虫身上虽然没有毒刺或毒毛，人们用手去触摸完全没有危险，可是它们体内却含有各种特殊的毒素，不知情的天敌误食之后，会发生各种不同的中毒反应，下回当然再也不敢捕食了。

某些昆虫遭受攻击时会直接分泌有毒液体，目的也是为了防止天敌吃食，例如红胸隐翅虫。

异味：常在野外活动的人，难免会遇上昆虫的骚扰，除了会蜇人的蜂、令人浑身起鸡皮疙瘩的毛毛虫外，另一种经常遇到的不愉快经历，大概就是某些昆虫身上散发的怪味道了。

昆虫的异味大致可分为腥臭与尸臭两类。前者包括俗称"臭腥龟仔"的椿象及不少的瓢虫、金花虫、步行虫、放屁虫、拟步行虫、伪瓢虫等，后者首推昆虫界的"殡葬业者"——埋葬虫为代表。

埋葬虫遇到攻击时，会排放尸臭味的粪液自保

虫迷时间

昆虫的天敌

昆虫的繁殖力很强，但除了少数适应力特强的优势种之外，昆虫并无愈来愈多的趋势，原因之一是，昆虫大部分的下一代早在蜕变为成虫之前，就被天敌吃掉了。

昆虫的天敌有可能是其他昆虫，但不少的危机则是来自其他动物，包括哺乳类中的食蚁兽、穿山甲和蝙蝠，各种鸟类，两栖类中的青蛙和癞蛤蟆，爬虫类中的蜥蜴，节肢动物中的蜘蛛、蝎子、鞭蝎、伪蝎、蚰蜒与蜈蚣，以及中、大型的鱼类。

正在植物茎间吞食天牛的攀木蜥蜴

昆虫的终身大事

昆虫的一生中最主要有两件大事，其一是摄食成长，其二便是繁衍后代；在生产大典进行前，必然得经历求偶与交配的过程，这是进行野外昆虫观察时，绝不能错过的有趣主题。

昆虫的求偶

昆虫的种类繁多，大多数似乎也都遵循“雄追雌”的行为模式。但雄虫在找寻雌伴的过程中，其方式却各有不同。以下大致分成5个类型来说明。

气味相投型：很多昆虫的雌虫身上都会散发出一股有特定气味的化学物质，雄虫通过灵敏的嗅觉能循味找到远距离外的雌虫，并与它交配。像是一般人熟悉的蚕宝宝的成虫——蚕蛾即属此类型。

歌声传情型：蝉、螽斯、蟋蟀的雄虫都擅长鸣叫，除了可以向其他雄虫宣示领域之外，另一目的

雄蟋蟀上翅会高举、左右摩擦，来发出鸣声，以吸引雌虫的注意

便是向雌虫展现“歌喉”，告知心上人自己身在何处，假如雌虫被情郎迷人的“歌声”打动，便会主动前去投怀送抱。

霸王硬上弓型：一般来说，大部分的昆虫并不懂得“恋爱”，在求偶的过程中往往是雄虫找到雌虫后，便主动趋前，直接强势进行交配，而且雌虫也多半不会拒绝，彼此依循本能完成配对的过程。

双飞双宿型：有时你

大部分的昆虫并没有经过求偶的过程，就直接完成终身大事

会看到一只雌蝶正专心访花，雄蝶则在一旁飞舞。经过一番追求示好，雌蝶若满意雄蝶的表现，便会扬翅与雄伴在空中近身比翼双飞，一场短暂的“恋爱之舞”落幕，它们即直接飞入树丛间完成终身大事。

蝗虫采用雄上雌下、头尾同向的姿势进行交配

黑凤蝶雌蝶正专心访花，雄蝶则在一旁飞舞，追求示好

摩擦生爱型：相较于其他锹形虫“霸王硬上弓式”的求爱法，体型最大的鬼艳锹形虫便显得特别有绅士风范。

夏、秋之际，柑橘园树干上很容易找到吸食树液的鬼艳锹形虫，当雄虫发现雌虫时，它会先盘踞在雌伴的背上，以防别的情敌来抢，接下来它便静静地等待，偶尔还会用触角去摩擦雌虫的身体，似乎在诉说着爱意，一直等到雌虫吸饱了树汁、愿意委身下嫁时，雄虫才会开始与它交配。豆芫菁与条纹豆芫菁的求爱模式也是属于此类型。

鬼艳锹形虫会先盘踞在雌伴的背上，静待雌虫吸饱了树汁，才开始与它交配

昆虫的交配

昆虫交配时，对外在环境的敏感度最低，而且雌、雄虫连在一起，逃起命来速度慢又不协调，可说是仔细观察它们的最佳时机。

在野外环境中，渗流树液的树干、昆虫的蜜源花丛和昆虫的食草植物上都是昆虫进行洞房花烛的绝佳场合。昆虫交配的姿势也因身体构造而有所不同，可以区分为6个类型，以下举例说明。

雌雄尾部相连，头部反向：蝴蝶、蛾、椿象、大蚊等个性比较敏感的昆虫，大部分均以这种方式进行交配。由于雌、雄双方的方向相反，若要迅速起飞，经常是体型较大、力气较猛的雌虫拖着雄虫飞，动作不协调，飞行的速度当然变慢。因此，就算不小心把它们吓跑，它们也会在不远的地方停下来。

椿象以尾部相连、头部反向的方式交配

尾端不相连：这是蜻蜓、豆娘最独特的交配方式。因为蜻蜓、豆娘雄虫内生殖器的开口是在腹部尾端第十体节处，交配器则位于腹部前端第二体节的下侧。当它找到雌伴时，便迅速以尾端的“肛附器”

尾端不相连是蜻蛉目专属的交配方式

抓紧雌虫的头部后方，完成交配前的连接动作，若雌虫打算交配，会弯下腹部，让自己的尾端向前与雄虫的交配器相连，以接受贮精囊传送过来的精子。

雌上雄下，头尾同向：这是蟋蟀独有的交配方式。当雄虫以摩翅发音将雌虫吸引过来后，雌虫会靠近雄虫，垫高六只脚让雄虫钻进它身体下侧，接着，雄虫才翘高尾端和对方交配。

雌上雄下、头尾同向是蟋蟀独有的交配方式

雄上雌下，头尾同向：几乎大部分的甲虫家族成员都是采用此姿势交配，雄虫攀在雌虫背上，伸出尾端的交尾器向下与雌虫连接。

几乎大部分的甲虫都采用雄雌上下交叠、头尾同向的姿势交配

雌雄侧身并排，头尾同向：采用侧身并排姿势交配的昆虫不多，一般是大家较陌生的种类，例如在流水环境中经常出现的石蝇；而水生椿象红娘华也是用侧身并排的姿势进行交配。

红娘华用侧身并排的姿势进行交配

黑翅蝉连接尾部后，身体会呈一斜角分置，并让彼此的翅端局部交错

雌雄斜角分置，尾部相连：蝉、叶蝉的翅膀较长，不方便以前述几种方式进行交配，于是它们在连接尾部后，身体会呈一斜角分置，并让彼此的翅端局部交错。

虫迷时间

另类婚礼

集团婚礼：由于觅食或趋光的原因，同种昆虫经常成群相聚，自然很容易发生集体交配的情形。

在觅食的场合中，有些昆虫会成双成对连在一起，一面享用美食、一面交配，充分印证了“食、色，性也”这句至理名言。假如可供觅食的面积越大，集团婚礼的场面就会越壮观。

夜行的昆虫常趋集在光源附近，因此夜晚的水银路灯就成了昆虫的“媒婆”。而当某种族群量很庞大的夜行昆虫趋光聚集在路灯附近时，自然有机会看到有趣或壮观的集团婚礼场面。

抢老婆、闹洞房：不同的昆虫族群中，雌、雄虫的数量比例各不相同。当雄虫的数量远超过雌虫时，为了求得与异性交配的机会，常会发生成群雄虫将一只雌虫团团围住、彼此争先恐后想一亲芳泽的“抢老婆”混乱场面。

一般昆虫交配总是不爱太过招摇，多半选择较隐秘的地点，但偶尔仍会被其他前来觅食的雄虫撞见，此时这位“王老五”可能会凑上前去搅和一阵，于是便形成非常有趣的“闹洞房”情形。

红萤有时也会闹洞房，形成两只雄虫夹着雌虫不放的有趣画面

昆虫的传宗接代

昆虫在长大成虫后，均已步入生命末期，许多雄虫在与雌虫交配过后，会在很短的时间内逐渐衰弱死亡。而刚交配过后的雌虫则还有最后一项，也是最重要的大任务，那就是产卵、繁殖后代。

产卵的地点

大部分的雌虫都懂得找到最合适宝宝栖息的环境或是方便吃食的地方，将腹部内的卵，逐次或一次全部产下，才算真正完成它所有的“虫生大事”。

产卵于植物上： 标准的植食性昆虫中，有不少种类食性非常专一，只愿意吃某一种植物或是少数几种植物，这些特定植物便被称为这些昆虫的“食草植物”或“寄主植物”。

这些昆虫的雌虫一般都能利用灵敏的嗅觉找到这些特定植物，然后把卵产在寄主植物的叶片、嫩芽、枝条或树皮缝隙上。

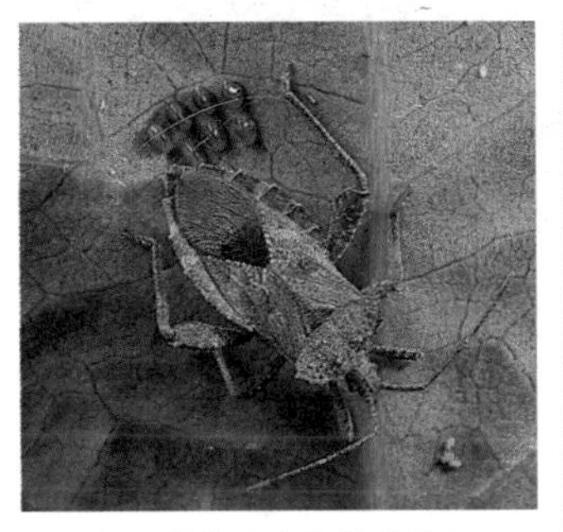

在寄主植物上产卵的雌椿象

这些雌虫有的一次只产下一粒卵，然后在另一个位置，甚至另一棵寄主植物才再产下另一粒卵；有的一次产下三五粒卵；有的则会产下数十粒至数百粒卵，整齐地排列在一起。

产卵于动物上： 很多肉食性昆虫都擅长捕食弱小猎物，雌虫并没有必要将卵产在其他小虫子的身上。倒是寄生性昆虫的雌虫有着惊人的本能，可以循味找到特定的寄主昆虫或节肢动物，然后再把卵产在寄主上，孵化后的幼虫便可以顺利寄生在寄主体内。

寄生蜂会在椿象的卵粒间产卵，让孵化后的幼虫可以顺利寄生

随处产卵： 昆虫世界中，有少部分看起来毫无责任感的妈妈，经常将卵随处产下，似乎毫不考虑自己的宝宝到底找不找得到食物。不过，最后存活

黄盾背椿象产卵后，会一直守着卵粒，善尽保护之责

趋光后直接在电线杆上产卵的毒蛾，一点都不顾虑孩子将来的温饱

● 豆娘雌虫会将卵产在宝宝的生活环境中

下来的幼虫反而因此成了适应力极强的精英，这类昆虫也成为不易灭绝的优势种，可说是因祸得福。例如不少夜间趋光飞行的雌蛾即属此类。

产卵于宝宝的栖息环境中：擅长捕食各种小猎物的肉食性昆虫或是食性较广的杂食性昆虫，雌虫比较不需要将卵产在特定的植物或动物身上，但还是会按照本能天性，将卵产在宝宝最合适的栖息环境中，如豆娘与蜻蜓即是如此。

护卵的方法

昆虫的卵毫无自卫能力，因此大部分昆虫只能多生一些卵来增加自己后代的存活率，但是万一被肉食性椿象或寄生蜂找到了，下场常是全军覆没。

为了减少被天敌找到的机会，有些雌虫在产卵的同时或产完卵后，还进行一些特别的保护措施。

设护卵罩：鳞翅目的蛾或蝴蝶中，有些成虫腹部末端生有长毛，产卵的同时，顺便将尾部的长毛沾黏在卵粒上，卵粒有了长毛的层层覆盖，当然比完全暴露安全得多。

而琉璃波纹小灰蝶在豆科植物花苞上产下几粒卵后，随即会从尾部分泌胶质泡沫将蝶卵完全包覆，不久，这些胶状泡沫即可硬化成绝佳的防护罩。螳螂和蝗虫也多有分泌胶状物以包覆卵粒、形成卵囊的习惯。

● 雌灯蛾会一边产卵，一边将尾部长毛沾黏、覆盖在卵粒之上

构筑育儿摇篮：部分昆虫的产卵量虽少，可是雌虫会花费相当多的时间与功夫，替自己后代的成长做好万全准备，如此幼虫孵化后再也不必抛头露面，可以安心地躲藏在妈妈事先构筑的育婴温床中摄食成长，直到它们蜕变为成虫后，才会离开小时候的“家”。例如卷叶象鼻虫、泥壶蜂、细腰蜂都是如此。

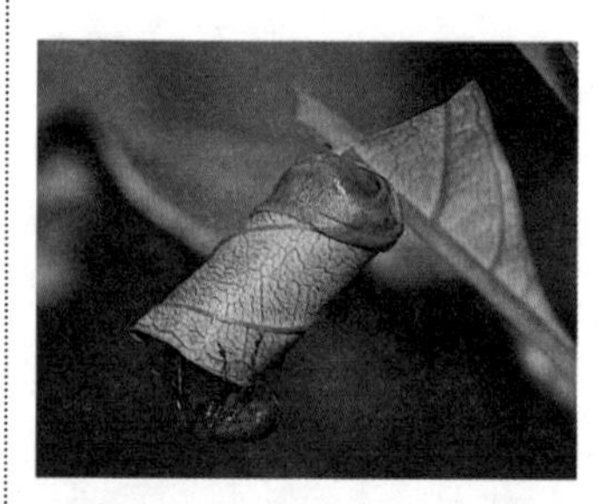

● 卷叶象鼻虫雌虫会把小卵包裹在叶苞最中央，形成最安全舒适的育儿摇篮

亲虫护卵：大部分昆虫产完卵后，与虫卵之间便不再有任何互动关系，甚至连社会性昆虫的卵，也是由其他同辈的工蚁或工蜂来照顾保护，可是仍有部分昆虫有亲虫保护卵粒的行为。例如蠼螋、黄盾背椿象及负子虫。

昆虫的越冬

严寒的冬季，野外的昆虫似乎都已销声匿迹。难道夏日活跃的昆虫，全都冻死或饿死了吗？其实不然，无论哪一种昆虫，在冬天来临时，或许整体数量会大幅减少，但是绝对不会全部死亡，否则隔年的活动旺季中，谁来传宗接代呢？因此在冬季，它们其实是以各种生命形态，静静地躲在大自然中的隐蔽角落，蛰伏等待春天的来临。这种类似哺乳动物冬眠的行为，称之为“越冬”。

越冬的方法

昆虫种类繁多，有的是卵越冬，有的是幼虫、蛹或成虫越冬。利用晴朗的冬季假日出门，去搜寻越冬的昆虫，是最具挑战性的昆虫生态观察活动，如果运气好，会有让人意想不到的收获。

卵越冬：秋末时节，各地低海拔山区的路旁，不难发现大蝗的雌虫，它将腹部末端插入泥土产卵，但这些卵囊中的卵粒并不马上孵化，它们会在寒冬中暂停发育，直到隔年春天才孵化出一只只小若虫。其他像螳螂、家蚕蛾、某些小灰蝶也是以卵的形态来度过冬天。

幼生期越冬：昆虫的幼生期——包括若虫、稚虫、仔虫等，最主要的活动便是摄食成长，如果某些昆虫的幼生期特别长，在食物匮乏的寒冬，只好以幼生期的形态越冬休眠。

蝴蝶以幼虫形态越冬的不少，例如大紫蛱蝶、

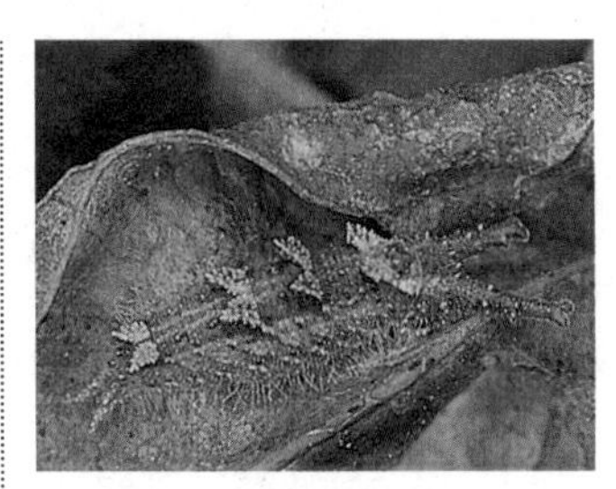

● 在树下的落叶堆中越冬的大紫蛱蝶幼虫

白蛱蝶、红星斑蛱蝶、豹纹蝶、大白裙挵蝶、大白裙挵蝶、曙凤蝶，还有很多分布于中、高海拔的蛇目蝶。由于种类的差异，这些蝴蝶幼虫越冬栖息的地点和方法各有巧妙之处。

蛹越冬：在完全变态昆虫的生活史中，蛹本来就是一个几乎不会移动位置，也不会进食的过渡时期，所以很多昆虫刚好利用这个阶段来休眠越冬。例如多数的凤蝶及某些蛾类即是如此。

成虫越冬：成虫期是所有昆虫生活史中，活动力最强的阶段，习惯以成虫形态越冬的昆虫，常会在大自然中找到非常隐蔽安全的地点以度过寒冬。而且有些同种昆虫会彼此趋集群聚在一起，利用呼吸新陈代谢所散发的微弱热能，来达到相互取暖的作用。很多瓢虫、金花虫、椿象等都是成虫越冬，而且也有群聚越冬的习性，极具可看性的，莫过于斑蝶成虫的集体越冬现象。

● 在山区废弃的木材堆缝隙中，集体越冬的瓢虫

相遇篇

如何和昆虫相遇

许多人都曾听说，在美丽的山谷中，可以欣赏到不计其数的淡黄蝶群聚飞舞或吸水的壮观奇景，但真正有此“艳遇”的人却不多，这是怎么回事呢？

原因其实很简单，那就是：没有在最适当的季节、时间，找到最正确的环境、地点，自然与虫儿无缘啰！

如何和淡黄蝶相遇？

1. 该选择什么季节、时间？

春、夏两季最适宜，尤其五六月的虫相最佳。而由于淡黄蝶是昼行性昆虫，因此应选择白天时间，最好是晴朗无风的天气。

2. 该选择什么样的环境？

平地到低山区可见淡黄蝶，南方较多，特别在附近有低海拔的铁刀木树林区，由于有淡黄蝶幼虫喜好的食草，因而产生淡黄蝶大量聚集的景观。

3. 该选择什么样的小地点？

由于淡黄蝶喜吸水，因此，山谷溪流上游及溪边湿地，可以欣赏到群蝶吸水的奇景。

在什么时候找昆虫

由于不同昆虫有不一样的生活史，因此它们成虫活跃的季节也会有相当大的差异；此外，不同昆虫其生活习性也不相同，有的是白昼客，有的是夜行侠。为避免访虫时期待落空、败兴而归，了解什么样的季节、时间有什么样的昆虫，是访虫前可预做的功课。

选什么季节

喜好昆虫的新鲜手，该选择什么样的季节外出探访，才能与最多的昆虫相遇？如果对某一种昆虫情有独钟，该把握什么样的时机，才不会错过良缘？

无特定观察对象时

整体而言，春、夏两季是大部分昆虫繁衍下一代的旺季，因此，也是许多成虫最活跃的季节。假如没有特定要观察昆虫的种类或景观，那么，每年5~9月是观察一般昆虫最适合的月份。

有特定观察对象时

对某些昆虫而言，必须确知成虫出现的季节，才能找到它们的踪影。

57页的图表中整理了多种昆虫特定出现的月份。表中所列多为一年一世代的种类，因为它们成虫羽化的季节比较固定。其他常见种类中，有的一年有两个以上的世代，而且不同世代常有重叠的现象，成虫出现的季节就比较不固定。很多昆虫种类是除了冬季以外均有机会见到的。

此外，表中所列的月份仅为常态统计的结果，并不代表其他月份一定见不到。例如曙凤蝶成虫虽然集中出现在7~9月，但是少数老雌蝶即使到了12月仍有可能存活，并出现在较低海拔的山区。在12月，在北方较冷的地区已经很少见到大蝗的成虫，但是在南方较温暖的地区，隔年2月依然见得到。

冬季纹白蝶会大量繁殖，是最佳的观察季节

虫迷时间

冬春时节看纹白蝶

纹白蝶一年至少有四五个世代，因此许多地方四季都可见到它们的芳踪，但在多数昆虫活跃的春、夏两季，反而它们数量不太多。

反倒是冬季或早春时期，可能由于它们的天敌减少，使得纹白蝶趁机大量繁殖；加上此时正好是各地稻田的间作期，很多农民会种植十字花科蔬菜，例如高丽菜、小白菜、萝卜、芥蓝菜等，或广植油菜作为绿肥植物；另外，冬季各处荒地也有十字花科野草大量繁殖，正巧这些植物的叶片便是纹白蝶和纹白蝶幼虫最喜爱的食草，因此，晴朗的冬季和早春，反而成了观察纹白蝶的最佳季节。

选什么时间

不同的昆虫有着不同的生活习性，若因对昆虫的作息时间没有概念，以致和某些钟意的昆虫失之交臂，错过观察昆虫的好时机，岂不十分可惜?

下面就以一般人最喜欢观察的成虫活动和幼虫蜕皮、羽化两种情况，分别来说明。

成虫活动的时间

由于种类的差异，昆虫成虫在一天中最活跃的时间各不相同。简单区分，成虫依活动的时间可分成昼行性、夜行性两大类，而部分夜行性昆虫还有趋光的习性。

白昼：大家较熟悉的昆虫中，蝴蝶、蝗虫、蝉、蜻蜓、豆娘、蜜蜂、苍蝇、螳螂、瓢虫等，其大部分种类都习惯在白天活动。

习惯白天活动的昆虫中，某些种类会有特别活跃的时段。以蝴蝶为例，大部分种类偏好在上午活动，尤其是生活在中、高海拔某些较稀有的小灰蝶，甚至只有在早晨才特别活跃，一过中午，便不容易发现它们的踪影。

而喜欢日照充足的部分蛱蝶，在上午9点至下午3点间最常见，而且还经常在较烈的阳光下活动哩!

蛇目蝶的习性又不相同，它们偏好在晨昏时段活动，艳阳高照时，多半栖息在阴暗的树林里。

一般而言，刮大风、下大雨的时候昆虫不爱外出活动，因此碰到这种天气时，昆虫与其他动物一样，会找较隐蔽的场所遮风躲雨。

另外，有些昆虫也不喜欢干燥酷热的天气，珠光凤蝶便是典型的例子。在晴天，它们一般多利用晨昏时段活动，中午则会栖息在树荫下的叶面躲避艳阳；多云微凉，甚至下着毛毛雨的天气，反而是它们最活跃的时候。

夜晚：居家环境中，蟑螂是大家最熟悉的夜行性昆虫，它们白天难得外出活动，一旦到了深夜，便在屋内四处横行。

昆虫世界里，同样有不计其数的标准夜行性昆虫，像是独角仙、螽斯、金龟子、天牛、锹形虫、蛾、蟋蟀、步行虫、象鼻虫等都属此类。

不少竹节虫是夜行性昆虫，白天不但躲藏在较隐秘的树丛、草丛之间，并且利用绝佳的拟态与保护色来隐藏行踪，当然不容易找到。可是到了夜晚，只要拿个手电筒在野外山路旁的草丛找一找，不仅可以轻易地看见它们觅食或缓慢爬行的身影，连雌雄配对交尾的画面也十分常见。

夜晚在山路旁很容易找到竹节虫

昼行的纹胸锯角萤不会发光

虫迷时间

萤火虫也有昼行侠

大家都知道，要欣赏萤火虫闪烁星光般的身影，得利用夜晚到郊外或山区才有机会见到。然而在鞘翅目萤火虫科的小家族中，仍有些种类习惯在白天活动，例如山区常见的纹胸锯角萤就是昼行性昆虫，而且它不会发光，不熟悉的人只会将它当做是一般不知名的小甲虫。

虫迷时间

趋光的昆虫

不少金龟子、天牛、锹形虫、蛾、蟋蟀、螽斯、步行虫、象鼻虫等夜行性昆虫，都有趋光的习惯。只要在夏夜前往乡下田园附近、郊外的庙宇，或山路的路灯下，想要找到这类夜行性昆虫并不困难。

这些昆虫之所以趋光，是因为本能的反应，在夜晚飞行时，因受到强光的干扰而越飞越靠近光源，最后便会集结在灯火附近。

但由于种类的差异，其实有一些昆虫并不喜欢在明亮处栖息，因此，当它们趋集到路灯附近之后，有的会停在路灯旁的树丛、草丛叶面或马路地面上；有的为了避免强光照射，则会躲进路灯下的杂物或石块缝隙中。另外，还有较为少见的夜行性甲虫可能躲藏在其他隐秘的角落，只要在光源四周仔细搜索，便有可能与它们相遇。

夜晚山路的路灯下，常集结大量趋光的昆虫

虫宝宝蜕皮、羽化的时间

毛毛虫蜕变成翩翩舞姬、蜻蜓稚虫出水羽化为身姿曼妙的成虫……这些摄影家镜头下的精彩画面，我们总以为平时无缘得见，其实，只要掌握一些生态知识，你也可能成为幸运的目击者！

夜晚：昆虫生活史中的蜕皮或羽化阶段，可说是活动力最弱的时候，为了避免在此时遭到天敌侵害。因此，大多数昆虫，不管是昼行性或夜行性昆虫，包括螳螂、螽斯、蜻蜓、蝉、竹节虫等，都习惯在夜晚进行蜕皮或羽化。

因此，想要观察精彩的昆虫蜕变过程，选择晚上出门是明智的决定。如果无法外出，自行饲养或从野外采集回家的蝶蛹，

蝴蝶多半在夜晚羽化

也多半是在夜晚进行羽化，只要在家中耐心守候至深夜，应该都能够目睹那短暂而动人的一幕。

清晨或上午：习惯早睡的人倒也不必担心无法观察昆虫的蜕变，因为有些昆虫反而是在清晨或上午才开始蜕壳羽化。

例如有不少蝉的若虫是在天黑之后，陆续从地底爬到树干或草丛间蜕壳羽化，但是黑翅蝉却选择在清晨时分进行羽化。

黑翅蝉习惯在清晨羽化，羽化之初，翅膀还是白色的

许多蜻蜓或豆娘的稚虫是在深夜爬出水面外蜕壳羽化的，但是栖息在溪流上游的一些春蜓科蜻蜓，例如绍德春蜓、锤角春蜓或阔腹春蜓等，则常利用上午时间爬到溪边石块上羽化。只要在它们羽化的高峰季节多多留意，短短一个上午，便可能找到数只接连出水蜕变的稚虫。

虫迷时间

昆虫睡觉吗

其实不论是习惯昼行还是夜行的昆虫，多数在它们完全不活动的时间里，几乎都是躲在比较隐蔽安全的场所休息睡觉。

昆虫怎么睡：因为昆虫的眼睛没有眼皮或眼睑，无法闭上，因此，除非它在睡觉时有不同于平时栖止的姿态，否则，我们很难看出它们是在睡觉，或只是停下来不动而已。

但有少数种类的昆虫睡觉时的姿态和平常栖止时完全不同，我们很容易可以判定分别。例如，大部分的凤蝶平时停下来吸食花蜜或吸水时，会将左右翅夹紧竖在背上；而当它们休息睡觉时，则是将左右翅向外摊平，上翅还会局部覆盖下翅。

昆虫何处眠

昼行性的昆虫，像是前面提到的凤蝶，当晚上睡觉时，或是白天因天气太热、天气不好、飞行太累而想休息时，通常会飞进隐蔽的树林中，栖息在某个植物的叶片上。

同样的道理，夜行性昆虫白天睡觉时，通常也会找较阴暗的角落。例如，很多蛾会在树林中的树皮上、树叶叶背下睡觉；蟋蟀常躲藏在地洞中睡觉；螽斯、竹节虫隐藏在草丛里睡觉；天牛则栖息在树丛的枯叶上睡觉，利用保护色来隐蔽自己的行踪。另外，还有很多夜行性昆虫会躲藏在树皮缝隙、落叶堆中、朽木屑里、石块底下，甚至钻入土里去休息。

黑凤蝶休息时会将翅膀向两侧摊平，如下图；栖止觅食时，则习惯将翅膀竖在背侧，如右上图

不睡觉的昆虫

在五花八门的昆虫种类中，还是有一些昆虫不论白天、夜晚都会外出活动，最典型的例子就是蚂蚁了。尤其是勤劳的工蚁，几乎是不分昼夜到处觅食，带回巢穴去贮粮，或分享同伴、哺育幼虫。偶尔随遇而安的停歇片刻，恐怕也没人看得出来它们是不是在偷懒睡觉吧！

观察昆虫的作息表　　● 白昼　☽ 夜晚

虫名	昼夜＼月份	1	2	3	4	5	6	7	8	9	10	11	12
独角仙	☽					★	★	★					
鬼艳锹形虫	●☽						★	★	★	★	★		
红圆翅锹形虫	●							★	★	★	★	★	
环纹蝶	●					★	★						
斑凤蝶	●			★	★								
越冬谷紫斑蝶	●	★	★										
黄领蛱蝶	●			★	★								
轻海纹白蝶	●						★	★	★				
鹿野波纺蛇目蝶	●					★	★	★					
曙凤蝶	●							★	★	★			
深山粉蝶	●					★	★						
锯翅天蛾	☽		★	★	★								
乌丽灯蛾	☽						★	★	★	★			
黑翅蝉	●				★	★	★						
熊蝉	●					★	★	★	★	★			
骚蝉	●						★	★	★	★	★		
大螳螂	●☽								★	★	★	★	
大蝗	●								★	★	★	★	
彩裳蜻蜓	●						★	★					

到什么环境找昆虫

掌握昆虫的作息时间和活动季节之后，接下来，就要进行环境的选择，也就是进一步来认识“什么环境有什么样的虫”。首先，你可以参考下面3个要诀，选择有丰富昆虫资源的“大环境”，然后再依其中不同的“小环境”，找到各种不同生活习性的昆虫。

选择怎样的大环境

这里所谓的“大环境”，指的是可探寻昆虫的去处，当然最好是有丰富昆虫资源的地方。假如想要外出探访昆虫世界，心中却没有特定的目标或地点时，只要注意以下3个要诀，一样可以大丰收。

选择植物种类多且生长茂盛的地点

植物是整个大自然食物链中最基层的生产者。植物的种类越多，便可以孕育越多植食性昆虫；有了大量属于一级消费者的植食性昆虫，当然也会出现许多肉食性昆虫、杂食性昆虫、腐食性昆虫等二级、三级的消费者或分解者，进而形成完整的生态系统。

因此，找昆虫的首要之务便是要找植物种类繁多、生长茂盛的环境。

选择环境差异度高的地点

不论在树林、草丛、公园、菜园、果园、溪谷、池塘等地，随处都有昆虫，而且，不同环境孕育的昆虫种类也有很大的差异。

因此，假如能够找到既有树林、草丛、溪谷，又有农田、果园，甚至有池塘的环境，那么游走穿梭在差异度如此高的环境间，保证可以找到可观的昆虫种类与昆虫数量。

选择中海拔附近的地点

这些地方拥有非常丰富的昆虫资源，如果有心要认识各种不同的昆虫，当然要跑遍平地到高山所有不同的环境。

可是，对于刚入门的昆虫观察者而言，刚开始能够投入的时间恐怕有限，这时若想找一些平时比较罕见的昆虫，那么中海拔山区是最优先推荐前往的地区，这是因为中海拔地区的昆虫种类和低海拔或高海拔地区的有部分重叠，涵盖面较广。

选择怎样的小环境

准备探访昆虫的朋友，抵达某个大环境之后，应该注意哪些小环境，才能找到最丰富多样的昆虫呢?

以下根据各类昆虫的摄食习性和栖息场所，为大家归纳出 4 种类型的小环境——流水环境、林道环境、静水环境、田园环境。

在出发找虫之前，不妨先参考 60~75 页的小环境生态图，并对照文字解说，先熟悉昆虫日常的藏身之处。到了野外，再往这些地点寻觅，只要耐心地放慢脚步、弯下身子，发挥十足的观察力，那么，再小的虫子也都能够被找到。

流水环境
溪流上游或小支流溪谷地

林道环境
公路或路旁的阔叶树林

田园环境
菜园、农田、果园

静水环境
树林旁的湖泊、池塘、沼泽

流水环境常见的昆虫

流水环境

抵达流水潺潺的溪谷环境之后，首先，可以锁定溪边的大石块，上面经常停栖着幽蟌(cōng)科、珈蟌科，甚至稀有的鼓蟌科豆娘，以及数量不少的春蜓科蜻蜓。如果幸运，还可欣赏到这些豆娘或蜻蜓的稚虫在溪边石块上蜕壳、羽化为成虫的精彩过程。

溪边日照较充足的潮湿砂地上，时常有机会观赏到三五成群的昆虫集体吸水的情景，其中有凤蝶、粉蝶、小灰蝶等蝴蝶，有时连蜜蜂、长脚蜂或泥壶蜂也会出现。

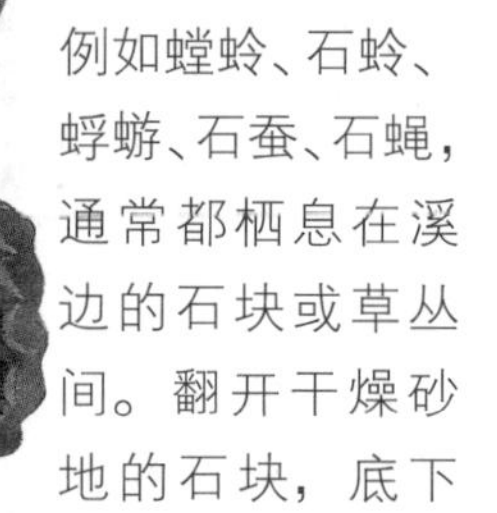

大家比较陌生的昆虫，例如蝗蛉、石蛉、蜉蝣、石蚕、石蝇，通常都栖息在溪边的石块或草丛间。翻开干燥砂地的石块，底下通常可以找到白天藏匿其中的夜行性昆虫，如步行虫等。

溪谷两侧生长着茂盛的植物，无论是草丛或树丛，都躲藏着更多的陆生昆虫。因此，只要沿着溪谷两侧的道路、步道或登山小径行走，和许多常见的陆生昆虫相遇绝非难事，甚至连一些平常较少见的稀有种类，也有机会见到。

溪石上的短腹幽蟌

溪边草丛间的石蛉

石蚕

溪边石块间的石蝇

溪边石块下的步行虫

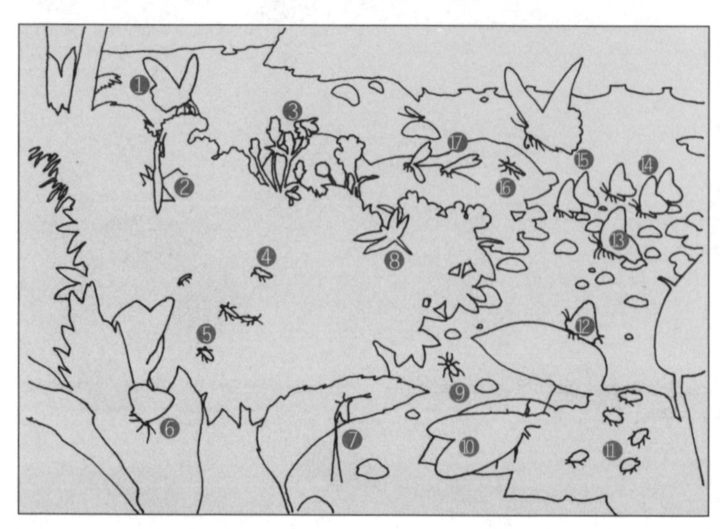

①无尾白纹凤蝶
②大螳螂
③蜜蜂
④草蝉
⑤豆芫菁
⑥白波纹小灰蝶
⑦蜉蝣
⑧金黄蜻蜓
⑨八星虎甲虫
⑩黄石蛉
⑪蓝金花虫
⑫红边黄小灰蝶
⑬黑凤蝶
⑭青斑凤蝶
⑮青带凤蝶
⑯石蝇
⑰短腹幽蟌

林道环境常见的昆虫

林道环境

对有兴趣找寻昆虫的人而言，公路或林道旁，经常有较原始的阔叶树林或阔叶树种的再生林区，这些地点是找寻昆虫的绝佳场所。

植物生长茂盛的路旁，总会自然繁衍出一些草本植物，例如鬼针草、大花鬼针草、泽兰等。每当这些植物的花朵盛开，附近喜好访花的昆虫便很容易受吸引，前来栖息、聚集、觅食。

此外，长在路旁的木本植物，包括各类壳斗科植物、墨点樱桃、荚蒾、贼仔树、食茱萸等，在花期间，也会开满外观虽不起眼，却香气四溢的小花朵，许多嗅觉灵敏的天牛、金龟子、吉丁虫、叩头虫等，都会在花丛间流连驻足，运气好的人一定可以找到珍贵美丽的昆虫。

而某些路旁木本植物的树干上，偶尔会因病变、昆虫寄生或外力磨擦而渗流出树液。此时，像是锹形虫、金龟子、虎头蜂、长脚蜂，以及许多蛱蝶科昆虫等便会循味前来觅食。有时，还可见到不同类的昆虫为了争食，而相互驱赶的趣味景象。

走进树林里，不难找到朽木或横倒地面的腐木，这也是寻找昆虫的宝地，因为不少夜行性的昆虫会躲藏在树皮下或腐木堆中休息，许多甲虫还会在枯木上产卵繁殖，有时甚至可以见到刚羽化的甲虫从这些枯木中钻洞爬出来的画面。

青刚栎枝丛间吸树液的昆虫

泽兰花上吸蜜的蝴蝶

荚蒾花丛间的金龟子

朽木中刚羽化的锹形虫

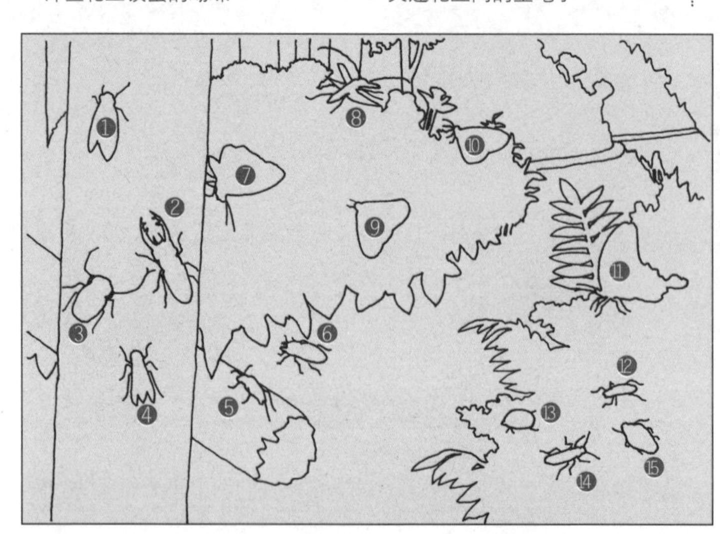

1. 骚蝉
2. 深山锹形虫
3. 长臂金龟
4. 大虎头蜂
5. 金毛四条花天牛
6. 泥圆翅锹形虫
7. 红星斑蛱蝶
8. 曙虎天牛
9. 粉蝶灯蛾
10. 小青斑蝶
11. 乌鸦凤蝶
12. 淡黑虎天牛
13. 蓝艳白点花金龟
14. 大丽菊虎
15. 北埔陷纹金龟

静水环境常见的昆虫

静水环境

乡间，甚至许多公园、校园中，常会有一些面积不大、旁边水草丛生的湖泊、池塘或沼泽，这些地方可说是水栖昆虫的天堂，像是蜻蜓、豆娘、水黾、龙虱、蚜虫、豉甲虫、红娘华、负子虫、水螳螂等，不管是稚虫或成虫，皆齐聚在此。

这些生活在水面上或水中的昆虫多为肉食性昆虫。因此，各类水栖昆虫彼此之间，甚至与其他水生小动物间，往往会形成大吃小、强吃弱的互动生态。通常只要水域中的水生植物够多，自然可给水栖昆虫提供较多生活空间；水生植物越少的水域，水栖昆虫相对也比较少见。此外，如果这些湖泊、池塘或沼泽附近有树林，那么除了上述的水栖昆虫之外，还可见到供蜻蜓、豆娘捕食的众多陆生小飞虫。因此，在静水环境中不但可以观察到蜻蜓和豆娘，此处同时也是探寻陆生昆虫的最佳场所之一。

● 停栖在湖旁枝头上的蜻蜓

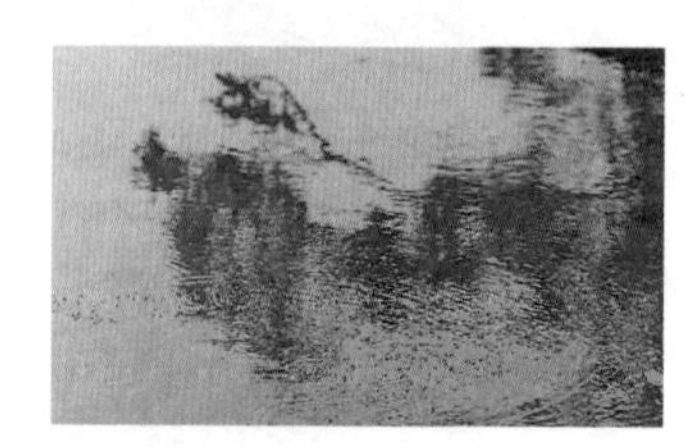

● 水面上成群的豉甲虫

● 水黾会成群聚集在静水的水面上活动

❶霜白蜻蜓
❷蝗虫若虫
❸萤火虫
❹姬赤星椿象
❺晏蜓水虿（chài）
❻点刻三线大龙虱
❼负子虫
❽松藻虫
❾红娘华
❿姬龙蝨
⓫红腹细蟌
⓬紫红蜻蜓
⓭刚羽化的晏蜓
⓮大华蜻蜓
⓯乌带晏蜓
⓰水黾
⓱笔笛细蟌

田园环境常见的昆虫

田园环境

不论种植哪一种经济作物，许多菜园、农田或果园的农民都会定期向作物上喷洒农药来抑制害虫。

然而，仍有一些非专业经营的农田，或是经营有机农业的农田，并不常喷洒农药，于是便提供了昆虫繁衍生长的机会。

高丽菜、小白菜、包心白菜、芥蓝菜和萝卜等，都是菜园中的十字花科蔬菜，如果没有喷洒农药，菜叶上很容易滋生纹白蝶幼虫、夜蛾幼虫、蚜虫、金花虫，而且这些害虫的天敌——瓢虫或寄生蜂，也经常会穿梭于菜叶间觅食，或找寻产卵寄生的对象。

而丝瓜、瓠瓜等瓜类作物的花朵或嫩叶间，则有机会看到各种金花虫；而有些金花虫也会蛀食空心菜和甘薯的叶片。

此外，豆科作物的花丛间也常有多种前来采蜜或产卵的小灰蝶。

至于乡下的农田，如稻田、芋头田、茭白田等静水环境，则是找寻蜻蜓、龙虱、负子虫等水栖昆虫的绝佳场所。特别是农田四周污染较少的田沟中，栖息着许多水栖昆虫，其中以蜻蜓和豆娘最引人注目。

柑橘园每年 4~10 月都有不同的昆虫陆续登场，绝对是喜好昆虫的朋友万万不可错失的昆虫天堂！

柑橘树干内会有一两种天牛的幼虫钻洞蛀食，这些蛀食树干的天牛幼虫习惯将粪便排在树干外，因此，位于树皮上的排便孔（树皮破洞）会一直渗流香醇的树液，吸引蛱蝶、蛇目蝶、金龟子、锹形虫、虎头蜂、长脚蜂、蝇、蚂蚁等前来吸食；偶尔也有机会发现前来柑橘树干上产卵或求偶的天牛。

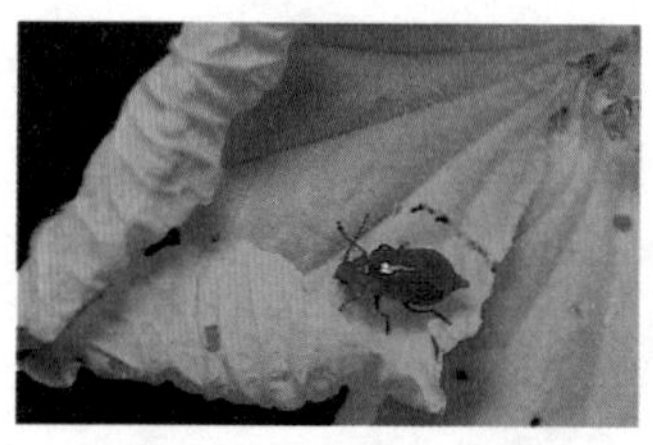

● 丝瓜花上常有金花虫驻足啃食

● 郊外水田是观察昆虫的好去处

❶扁锹形虫
❷刚羽化的无尾凤蝶
❸正在交配的独角仙
❹宽腹螳螂
❺黄长脚蜂
❻黄守瓜
❼青铜金龟
❽杜松蜻蜓
❾孔雀蛱蝶
❿鼎脉蜻蜓
⓫正在交配的台湾纹白蝶
⓬纹白蝶幼虫
⓭瓢虫幼虫
⓮蚜虫
⓯六条瓢虫
⓰蚂蚁

访虫去何处

以下推荐 3 种类型的访虫去处，并一一列出地点，读者可依个人需要选择前往。

●都市近郊

都市近郊的小山、风景区或庙宇都是找寻昆虫的好去处。这些游客众多的地方有许多植物群落，虽然较少出现稀有罕见的昆虫，但在步道旁的草丛或是树林中，却能找到不少常见的种类。而且，这些离居家不远的地方不但交通方便、行程短，有兴趣的人还可以利用晚间前往，找寻夜行性的昆虫。（适合入门者）

●森林公园

海拔 600~2000m 的山区中有不少森林公园，这些地方的人为破坏较少、野生植物群落较丰富完整，可以同时兼顾休闲旅游和知性赏虫，在此极力推荐。（适合入门、初级者）

●岛屿

岛屿是个地理位置特殊的地方，孕育出不少属于热带海岸林的昆虫，而且有很多是其他地方没有的种类，因此可说是昆虫收藏家和生态研究者的昆虫宝库，非常值得前往。（适合研究专家）

虫迷时间

上海大自然野生昆虫馆

上海大自然野生昆虫馆位于浦东丰和路 1 号、东方明珠旁，是集旅游、观赏、科普教育为一体的国内首家活体昆虫展示馆。上海大自然野生昆虫馆被誉为“全国科普教育基地”，馆内区域划分为：昆虫长廊、蝴蝶谷、两栖爬虫溶洞区、生态触摸区、水域触摸区、热带雨林区、昆虫沙龙及科普教室。

游客可以在这里观赏并触摸到许多活灵活现的昆虫，更可以自己动手制作昆虫标本。总之，四季变化造就了各种昆虫的千姿百态，随着季节的变化，昆虫馆也会为你呈现出不同的魅力与景象。这里还时常举办昆虫沙龙，给昆虫爱好者们带来了无穷的乐趣。

寻找身边的昆虫

昆虫可谓是无所不在的小动物，就算是不到郊外去，只在自己家中，或是住家附近的公园、人行道上，都有不少与昆虫相遇的机会。

几乎每一座小公园都能找到常见的昆虫，例如花圃中采花的蝴蝶、蜜蜂、长脚蜂和蝇，栖身于草丛间的蝗虫与蟋蟀，驻足于树丛中的毛毛虫等。

就连马路间分隔岛或人行道上的树丛、花丛间，或多或少也有机会找到昆虫，最好的例子就是炎炎夏日在行道树上高歌不断的知了（蝉）了。

假如住家的阳台或顶楼种有各式各样的盆栽植物，一样会吸引昆虫前来栖息、繁殖。例如，四季柑的叶丛间常可找到无尾凤蝶的幼虫；天南星科植物的叶片可能发现天蛾的幼虫；而各类植物的叶片上都很容易有蚜虫、介壳虫等小害虫大量繁殖；同时，喜食蚜虫蜜露的蚂蚁，或以小害虫为食的瓢虫也可能伴随出现。

大家更别忘记，住家室内出现的昆虫也不少！不论是蚊子、苍蝇、蚂蚁，还是蟑螂，都是最方便的观察对象。

虫迷时间

闻声觅虫

昆虫世界里，“鸣叫”多半是雄虫的专利。其中，蝉、蟋蟀、螽斯是野外最常见的3种鸣虫，不论它们是昼行性或夜行性，也不论躲藏在哪一个角落，依循着鸣声去找寻，是最直接的方法。

不管这些昆虫鸣叫的方式与声调有何不同，其目的都是一样的，即宣示领域，也企求雌虫的青睐。

3种鸣虫中，蝉主要在夏日的白天高歌，蟋蟀与螽斯则多半在夏秋的夜晚鸣唱。循声觅虫时，记得动作要轻缓，万一它们被吓着，声音可能会暂时停止，这时可千万别躁进，等一会儿，当它们又恢复鸣叫再慢慢靠近，应该不难发现其踪影。如果是夜间进行观察，手电筒是不可或缺的工具。

观察篇

走，看昆虫去

学会了辨识的方法、有了基本的认识、掌握了相遇的诀窍，接着，就是要走出户外，看昆虫去啰！

出发前，要带全观察与采集昆虫的装备；与昆虫相遇后，先从方法篇检索出昆虫的大类，再依本篇介绍的观察要诀，由外观特征与生态行为两方面进行观察。如果所碰到的昆虫，不属于本书介绍的41大类也无妨，可依“行动篇”介绍的方法，留下观察记录，回家后再查阅图鉴即可。

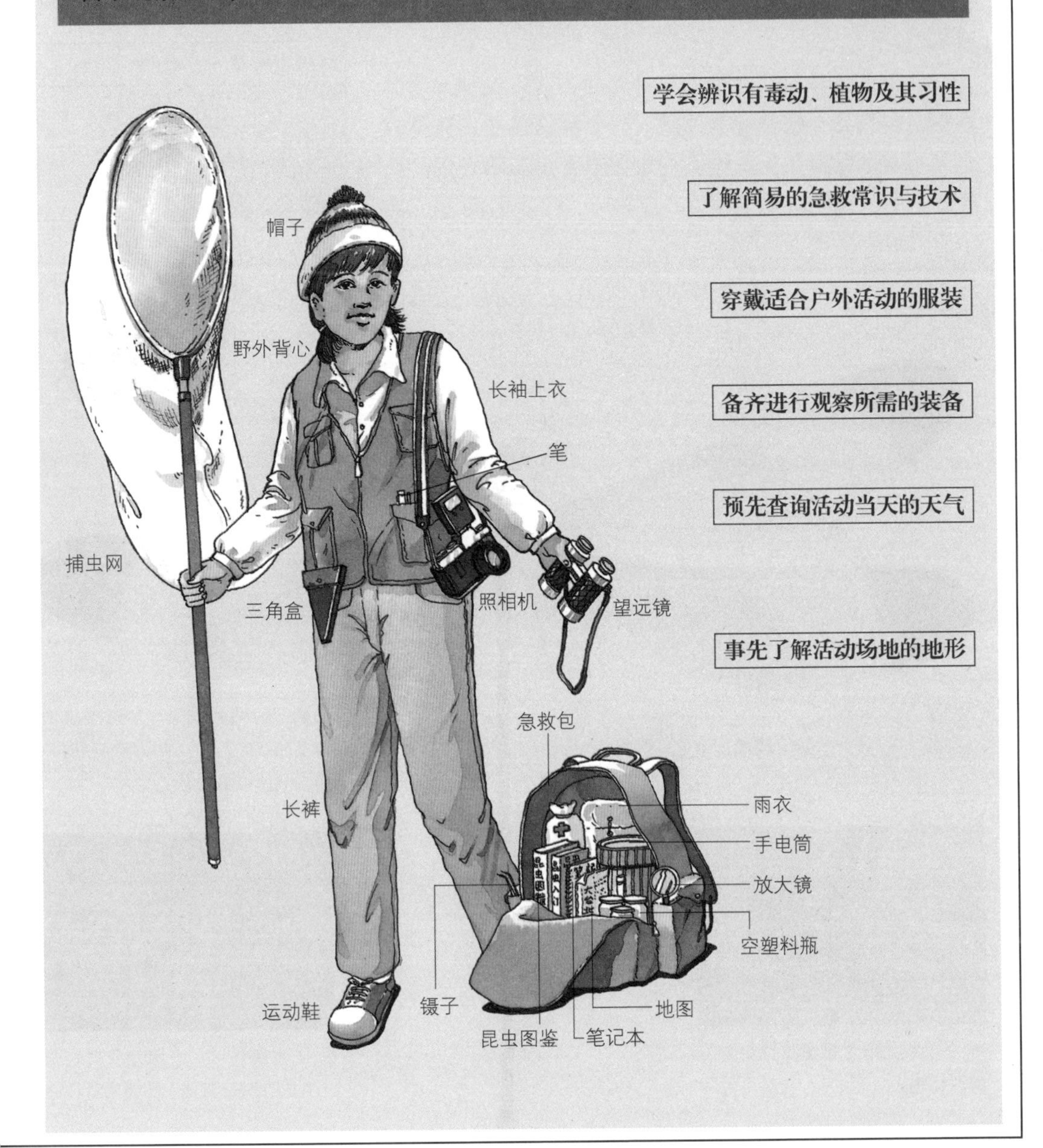

蜻蛉目的世界

全世界的蜻蛉目昆虫将近 5800 种，中国记载约 350 种及其亚种。蜻蛉目昆虫大致包含“豆娘”和“蜻蜓”两大类。细长的身躯、两对翅脉分明的透明翅膀，加上一对大复眼，是它们外观上共同的特征。蜻蛉目昆虫的生活史属于半行变态。

观察 豆娘

由春季到秋季，从平地至中海拔山区，各种水域旁都有机会找到一些常见的豆娘。只不过许多豆娘体型较小又不常远距离飞行，稍不注意便很容易忽略它们。而且它们的长相和蜻蜓很相近，要小心，可不要混淆了。

豆娘小档案
分类： 属于蜻蛉目均翅亚目
种数： 全世界约有 2800 种，中国已知约有 37 种
生活史： 卵—稚虫—成虫

● 豆娘的头部长得像哑铃。图为青黑琵蟌

● 豆娘停栖时，大部分会将翅膀合并竖在胸部背侧。图为朱背朴蟌

标本：♂・腹部长 5cm（本种为大型豆娘）

要诀1.看外观特征

豆娘的外观乍看之下和蜻蜓很像，都有两对透明细长的膜质翅膀，只是它的体型通常较小，身躯较纤细，而且它的大复眼明显分开，整个头部形似哑铃。野外辨识的要诀是，大部分豆娘停栖时，会将翅膀竖拢在胸部的背侧。

要诀2.解读生态行为

1. 看栖息环境

豆娘的成虫一般习惯在稚虫（水虿）栖息的水域附近活动——觅食、求偶、产卵。

由于种类的差异，豆娘有的习惯栖息在流水性的溪流、水沟，或静水性的池塘、湖泊、沼泽、水洼、水田等水域中。整体而言，豆娘中的幽蟌科、珈蟌科全都出现在流水水域，细蟌科则大部分出现在静水水域，琵蟌科则在两种水域皆可见其芳踪。

2. 看食性

豆娘是肉食性昆虫。它们擅长捕食空中的小飞虫，不过由于体型较小、飞行速度较慢，因此豆娘主要是以体型微小的蚊、蝇和蚜虫、介壳虫、木虱、飞虱等昆虫为主食，偶尔也会发生大豆娘捕食小豆娘的情形。运气好的人，说不定还有机会见到饿慌的同种豆娘发生种内相残的难得景象。

● 大豆娘偶尔会捕食小豆娘

3. 看产卵行为

由于豆娘稚虫生活在水中，因此多数雌虫习惯停在水边石块、杂物上，或水面挺水植物上将卵依附产下。少数特殊情况则是在急流小溪石块边或杂物上潜水产卵，例如短腹幽蟌。

● 帘格鼓蟌雌虫正停在小溪浮木上产卵

4. 看稚虫习性

豆娘与蜻蜓的稚虫虽都称为“水虿”，但两种水虿在外观上很容易区分，因为大多数豆娘水虿的尾部有3个明显的叶片状或肉质状尾鳃，危急时可以用来划水游泳，以避敌害。

● 豆娘水虿的尾部有明显的尾鳃，有助于划水

孵化后的豆娘水虿在水中捕食其他弱小的水栖昆虫或浮游性小节肢动物。

观察 蜻蜓

大家或许不知道，早在我国殷代的甲骨中已出现蜻蜓的象形铭文；而这类活跃在水田环境的“空中飞龙”，也是许多在乡间长大的乡村人熟悉的昆虫之一。但问一问身边的人，蜻蜓吃些什么东西？“蜻蜓点水”在生态上真正的意义是什么？答案却莫衷一是。看来，大家对这些与人类生活关系弥久的昆虫，应该多花点时间重新认识了。

蜻蜓小档案
分类：属于蜻蛉目不均翅亚目
种数：全世界约有 6500 种，中国已知约有 300 种
生活史：卵—稚虫—成虫

蜻蜓科、晏蜓科和弓蜓科蜻蜓的左、右复眼明显连接

标本：♂·腹部长 2.4cm（本种为中小型蜻蜓）

要诀 1.看外观特征

和豆娘比较下，多数蜻蜓的体型较大，腹部较扁平粗宽；大复眼之间的距离较豆娘近，甚至互相连接；同样具两对透明的翅膀。野外辨识的最大特征是，蜻蜓停栖时，翅膀向身体两侧平展摊开，既不互相重叠，也不覆盖腹部。

蜻蜓停栖时会将两对翅膀向身体两侧平展摊开。图为粗钩春蜓

要诀2.解读生态行为

1. 看栖息环境

蜻蜓成虫通常习惯在稚虫（水虿）的栖息环境附近活动。而蜻蜓水虿的栖息水域则依种类不同而不同。勾蜓科水虿生活在溪流环境；晏蜓科或弓蜓科水虿生活在溪流或池塘沼泽环境；春蜓科水虿大多生活在溪流环境，在池塘、沼泽环境中较少；蜻蜓科水虿则大多数生活在池塘、沼泽环境，只有少数生活在溪流环境。

2. 看食性

蜻蜓属于肉食性昆虫，由于它的复眼硕大发达，视力超凡，再加上身手敏捷，因此小至蚊、蝇等飞虫，大至蜜蜂、蝴蝶、蜻蜓都可以在空中顺利追击拦截。体型小的猎物，蜻蜓在空中一下子便能啃食下肚，对付体型大的猎物则必须停下来慢慢享用。有机会也可能在野外看见蜻蜓捕食豆娘，或大蜻蜓捕食小蜻蜓的情形。

3. 看产卵行为

随着种类的不同，雌蜻蜓产卵的习惯也有非常明显的差异。

蜻蜓科、勾蜓科、春蜓科蜻蜓较常采用点水产卵的方式，有的会连续点水，一次产下3~5粒或20~30粒的卵，有的则是先将一两百粒以上的卵排出，堆积在尾端，然后再点水将它们全部沉入水中。晏蜓科蜻蜓习惯停在水生植物、水边青苔或泥土上产卵，一次一粒连续地慢慢产入植物茎干或泥土、青苔缝隙中。最特殊的是，少数蜻蜓还会将尾端的卵团空投入水中。

4. 看稚虫习性

蜻蜓水虿没有如豆娘水虿般的尾鳃。它们用腹部内的直肠鳃呼吸水中氧气，因此平常会借着尾端缓慢吸水、排水来呼吸。当遇到危险时，蜻蜓水虿只要快速排水即可喷射前进，速度比豆娘水虿更快。蜻蜓水虿和豆娘水虿一样都是肉食性水栖昆虫，不过由于蜻蜓水虿的体型较大，除了其他弱小的水栖昆虫之外，蝌蚪、小鱼苗也常是它的主食。

● 斑翼勾蜓将尾端的一大块卵团垂直点水产入小溪缓流区

● 正在啃食猎物的霜白蜻蜓

● 蜻蜓水虿常会捕食蝌蚪

直翅目的世界

全世界的直翅目昆虫至少有 20000 种，中国已知约有 2000 种。常见的直翅目昆虫包括一般俗称的螽斯、蝼蛄、蟋蟀、蝗虫 4 大类。此目昆虫外观上的共同点是：略呈革质的上翅平直覆盖在体背；膜质的下翅则缩折在下方，飞行时才展开来使用。直翅目昆虫的生活史属于渐进变态。

观察 螽斯

许多参观过故宫博物院的人一定忘不了那件闻名遐迩的玉雕“翠玉白菜”，菜叶上那只栩栩如生的翠绿色小虫子，正是俗称“纺织娘”的螽斯。若想一睹螽斯的庐山真面目，不妨趁着到森林公园或山区度假过夜时，拿个手电筒，循着螽斯的虫鸣声，与它们在林间相会。

螽斯小档案
分类： 属于直翅目螽斯亚目螽斯总科
种数： 全世界约有 10000 种，中国已知约有 1000 种
生活史： 卵—若虫—成虫

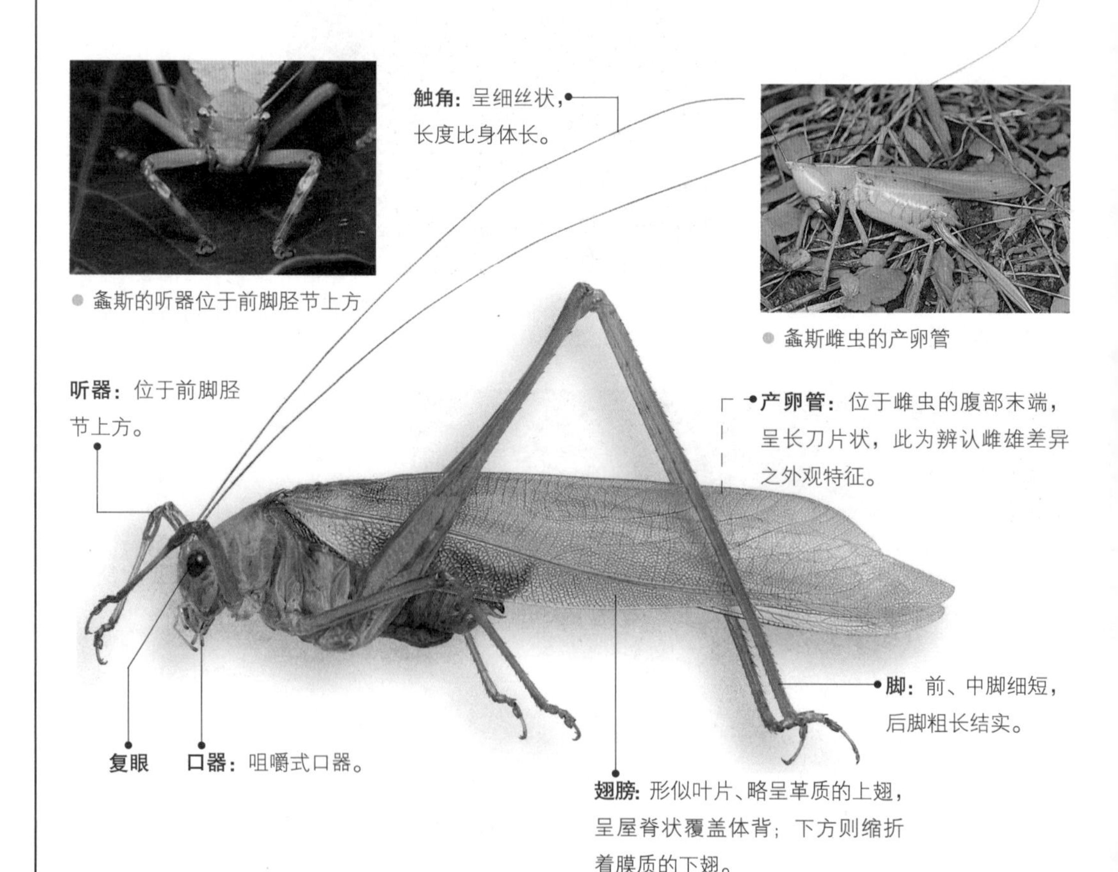

螽斯的听器位于前脚胫节上方

螽斯雌虫的产卵管

标本：♂・体长 2.6cm（不含翅膀）

要诀1.看外观特征

螽斯的身体多半瘦扁高耸，体色不是绿色就是褐色，从头部伸出一对比身体还长的丝状触角，并拥有修长、善于跳跃的后脚。

要诀2.解读生态行为

1. 看食性

螽斯具有典型的咀嚼式口器，部分种类为植食性，啃食植物茎叶为生；多数螽斯则是较不挑食的杂食性昆虫，平时多啃食可口的植物嫩芽，运气好遇到弱小昆虫时，自然不会轻易放过补充丰富蛋白质的机会。尤其是夜间，身边同样趋光的蛾类便成了螽斯最方便捕食的对象；甚至，有的大螽斯还会捕食小螽斯呢！

大螽斯具有发达的咀嚼式口器，捕捉时小心别被咬伤

螽斯的保护色是它自卫的绝招

2. 看自卫行为

螽斯具有发达的跳跃式后脚，当遇到危急时，快速弹跳避敌自然就成了它们自保的惯用伎俩。

不过，神乎其技的保护色才是螽斯真正的自卫绝招。由于螽斯的体色几乎清一色是绿色或褐色，加上有些外观会拟态树叶或枯叶，因此当它们不鸣叫的时候，天敌很难一眼发现它们的行踪。

夜行性的螽斯，平时夜晚多半在森林边的草丛活动，白天则停栖休息。大家可以测一测自己的眼力，看看能否在白天找到几只螽斯。

3. 倾听鸣声

螽斯是直翅目中的两大夜间鸣虫之一（另一类是蟋蟀），它是利用前翅的发音器发音，声音洪亮，类似纺织机运转时的声音，故有“纺织娘”的别称。螽斯发声的目的主要是为了宣示领域或求偶，只有雄虫才会鸣叫。

相对于发音功能，它们也有齐全的听器，螽斯的听器位于前脚胫节上方，形态似椭圆形的鼓膜。

4. 看蜕变、羽化的过程

由于螽斯具有良好的保护色或拟态外观，如果它们不鸣叫，便不容易被发现它们的踪影。较容易找到螽斯的时机是在它们准备蜕皮或羽化的时候，因为这时它们会在枯枝或草秆的顶端来进行蜕皮或羽化，因此较容易找到。

螽斯一般习惯在夜间进行蜕变，所以只要拿个手电筒在山路旁的草丛找寻，便有机会目睹精彩的螽斯蜕皮或羽化过程。

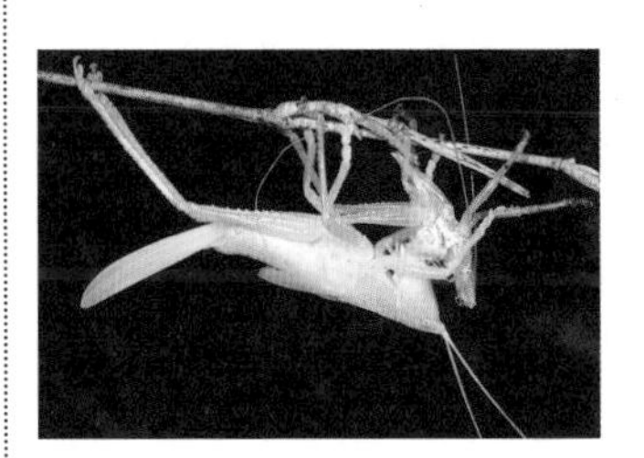

蜕皮完成后，螽斯还会将旧皮吃掉

观察 蝼蛄

蝼蛄的种类虽少，但在乡间的夜晚却很常见，有的地方将蝼蛄称为“肚猴”，而将蟋蟀称 为“肚伯仔”，有的地方则刚好相反。无论是哪一种称呼，从外观上，大家都可以清楚地分辨出这两类昆虫的不同。

蝼蛄小档案
分类： 属于直翅目螽斯亚目蝼蛄总科
种数： 全世界已知约50种，中国目前已知仅有4种
生活史： 卵—若虫—成虫

● 蝼蛄的前脚长得像“怪手”。图为蝼蛄前脚内侧特写

要诀 1.看外观特征

黄褐色的体表，乍看下似乎貌不惊人，但仔细看，它那对具有齿耙如怪手般的粗壮前脚就给人留下十分深刻的印象。此外，其短小的上翅与收在下侧呈一长束的下翅，也是颇为特殊的造型。

标本：体长3.2cm（不含尾丝）

要诀2.看生态行为

1. 看栖息环境

蝼蛄是地栖性昆虫，会以发达的前脚挖掘地洞居住，因此平时在野外相当不容易见到蝼蛄。

不过，蝼蛄是夜行性昆虫，夜晚离开地洞活动时，同样会趋光飞行。所以夏季的夜间，在乡下、郊外的路灯下仍然有机会见到这类爬行速度颇快的昆虫。

蝼蛄经常危害农作物，因穴居地底，平时不易见到

2. 看食性

蝼蛄具有咀嚼式口器，是较不挑食的杂食性昆虫，不过仍以植物的嫩芽、根须为主食，因而成了危害农作物的一大害虫。

3. 看耙土挖洞行为

蝼蛄并不擅长跳跃避敌，当它们被逼得走投无路时，一旦遇到松软的泥土，便立刻大显身手、表演神奇的钻地神功。它先用前脚猛力向外一耙，接着头一钻，一下子前半身便钻入土中，通常在不到10秒的短短时间内，已全然从土表上销声匿迹。有机会抓到蝼蛄时，不妨将它放在指间，感受一下它那对挖掘式前脚惊人的力量，并观察研究它的前脚何以综合了挖土机和花剪两项功能。

蝼蛄具有咀嚼式口器

刀刃状的硬齿可剔除陷在齿耙上的植物根须或小石块。图为蝼蛄前脚特写

蝼蛄遇到危险会迅速掘土、钻入地底

观察 蟋蟀

秋天的时候，提着一大桶水，带着一个瓶子或塑胶杯来到砂质荒地。拨开塚形土堆上的沙粒，挖通原本藏在沙粒下的小洞，然后往洞内灌入一杯又一杯的水。最后便等待洞中的主角因受不了水淹巢穴，出洞束手就擒。这是许多人儿时盛行的游戏——“灌肚猴”，而其中的主角就是蟋蟀了。

蟋蟀小档案
分类： 属于直翅目螽斯亚目蟋蟀总科
种数： 全世界约有3000种，中国目前已知约有150种
生活史： 卵—若虫—成虫

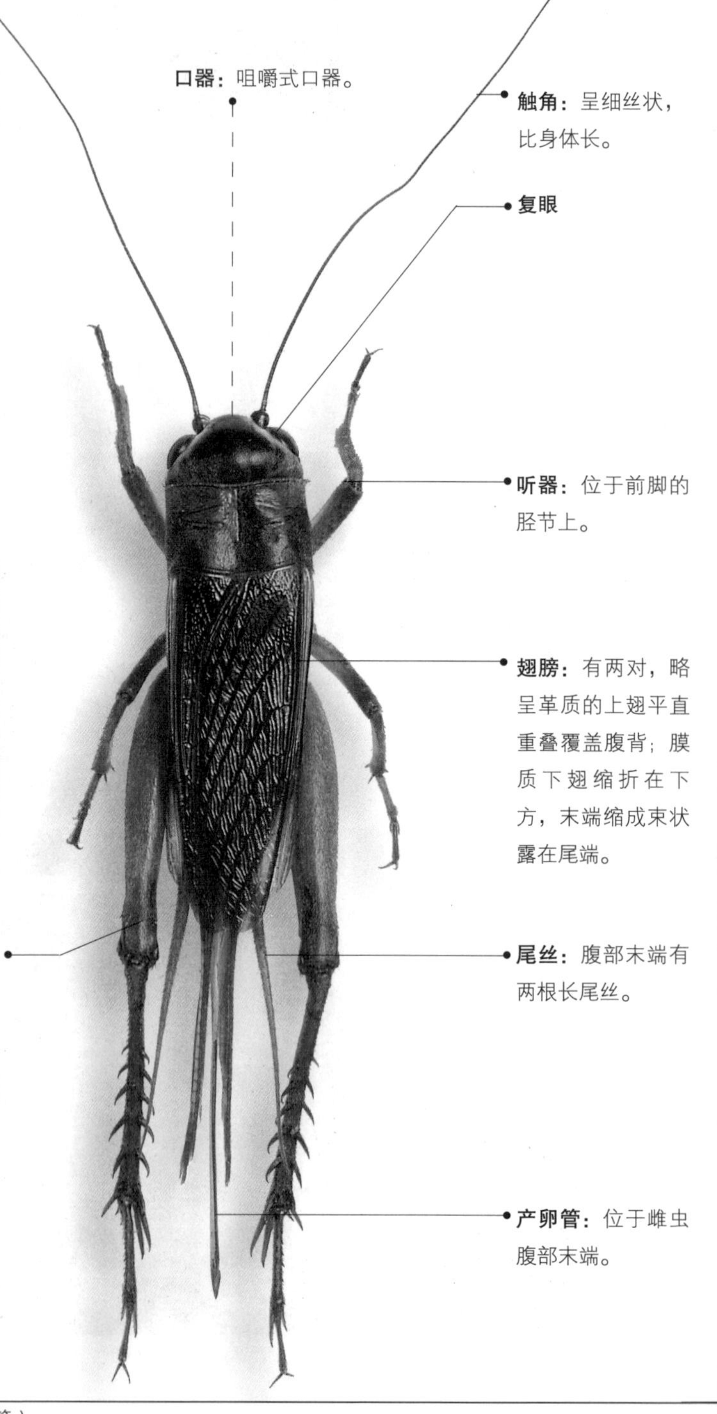

标本：♀·体长1.9cm（不含产卵管）

要诀 1. 看外观特征

蟋蟀的体色多为黑褐色，体躯呈圆筒状，粗壮的后脚与身体不太成比例，前头的一对长丝状触角与后端的一对长尾丝形成有趣的对照。

要诀2.解读生态行为

1. 看栖息环境

蟋蟀的体表也具保护色，平时多藏匿于植物丛间或杂草地面，有的习惯躲在落叶、石块或树皮缝隙中；有的擅长挖掘地道，穴居地底洞穴之中；有的则会吐丝连接树丛的叶片，做成巢穴躲藏。因此，在野外环境中，若是蟋蟀不发出鸣声，人们想找到其踪影，恐怕要比蝗虫或螽斯更困难。

石块旁的黄斑黑蟋蟀

大蟋蟀的保护色有利于藏匿在杂草地面

2. 看食性

蟋蟀是直翅目中食性最广的昆虫，属于杂食类，有兴趣饲养的人，最不需要为它们的食物操心，举凡果皮、蔬菜、豆芽、花生、米饭、肉屑、狗饲料、鱼饲料、饼干等家中可找到的食物，它们几乎完全不挑剔，有时甚至连同伴的尸体也不放过。为了避免同类相残，饲养时要特别留意正在蜕变而无力自保的蟋蟀，避免让其他蟋蟀靠近，否则很容易被咬得肢残脚断。

正在吃食同伴尸体的眉纹蟋蟀

3. 看避敌行为

蟋蟀的后脚粗壮、发达，善于跳跃，遇到危急时，快速弹跳是它们惯用的避敌方法。而且，蟋蟀和蝗虫、螽斯一样，伸展开折叠的下翅即可飞行，因此在它们弹跳避敌时，也经常会顺势飞行一段距离，以便加速远离危险。

4. 倾听鸣声

蟋蟀也是知名的鸣虫，在夏秋的夜晚常可听到它们此起彼伏的鸣声。它们和螽斯一样，以上翅互相摩擦来发声，目的也是为了宣示自我领域或求得异性的青睐，因此只有雄虫才会鸣叫。其听器位于前脚胫节上方。

蟋蟀粗壮的后脚便于快速弹跳避敌

观察 蝗虫

蝗虫俗称“蚱蜢”，有首民谣《草螟仔弄鸡公》，描绘这种小昆虫与大公鸡相互逗弄的情形。

发生蝗灾的地区，“蝗虫过境”时几乎所有的绿色植物都会被它们一扫而光，幸好这种情形目前已相当罕见。

蝗虫小档案	
分类：	属于直翅目中蝗亚目的所有昆虫
种数：	全世界约有12000种，中国目前已知约有230种
生活史：	卵—若虫—成虫

要诀1.看外观特征

蝗虫的体色不是绿色、黄色就是褐色，身材细长，酷似户外草丛间的叶片。其与螽斯间最大的外观差异是：它的后脚腿节形如鸡腿，比螽斯更粗壮发达；而头部的触角则呈短鞭状，与螽斯的长丝状触角有明显差别。

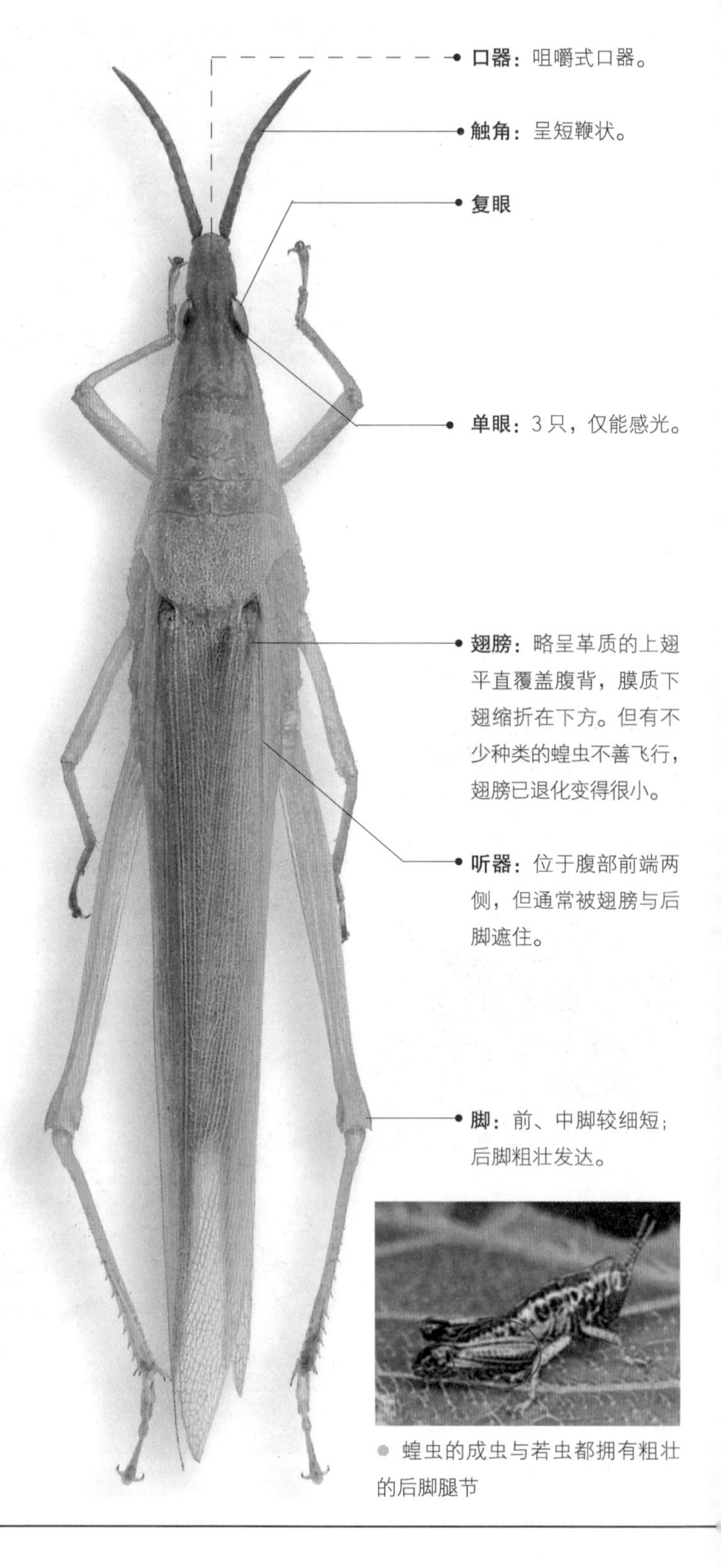

● 蝗虫的成虫与若虫都拥有粗壮的后脚腿节

标本：体长3.2cm（不含翅膀）

要诀2. 看生态行为

1. 看食性

蝗虫是植食性昆虫，而且大部分不特别挑食，因此在野外草丛草叶上遇见蝗虫时，只要静静在一旁观看，很容易见到它们低着头，以发达的大颚沿着植物叶片边缘一口一口蚕食着，不多久，草叶上便会出现被啃食的大缺角。

另一类是习惯栖息于潮湿裸露地面的棱蝗，其主要食物则是苔藓类植物，因此它们才会习惯出没在没有草丛可以躲藏的环境中。

2. 看栖息环境与保护色

蝗虫几乎都有典型的保护色，平时多数栖息于植物丛间。假如没有特别留意，很难一眼看出它们躲藏其间。不过，只要走进低矮的草丛，受到惊吓的蝗虫会以发达的后脚四处弹跳，此时若不用眼睛紧盯着，一旦它们再度落入草丛，很快就会失去踪影。找到蝗虫之后，缓缓贴近一看，原来它们的身体修长，加上良好的保护色，难怪在草丛中有绝佳的隐身效果。

红后负蝗拥有几可乱真的绿色保护色

台湾稻蝗藏身枝丛之间，不易被察觉

3. 看交配行为

和其他昆虫比起来，蝗虫交配的时间算是比较久的。因此，雌下雄上夫妻档背在一起的画面屡见不鲜。由于部分种类雌雄体型差异很大，可别误以为是蝗虫妈妈背着小蝗虫。它们和其他同样采雌下雄上交配姿势的昆虫不同的是，一般雄虫是将尾端直接向下弯曲和雌虫连接，而雄蝗虫则是将长长的腹部先在雌虫的腹部一侧弯下，然后伸至雌虫尾端，最后再弯回其上方与之相连。

4. 看弹跳避敌行为

蝗虫的后脚粗壮、发达，善于跳跃，遇到危急时，快速弹跳是它们惯用的避敌方法。由于蝗虫后脚的胫节随时都并靠在腿节下侧，一旦需要弹跳，只要以胫节撑住地面，加上酷似“鸡腿”的腿节用力一蹬，便可以轻松地将身体弹得又高又远。

蝗虫拱起后脚，蓄势待跳

雌下雄上正在交配的瘤喉蝗夫妻档

螳螂目的世界

螳螂目是一个小目，所有成员一般都统称“螳螂”。目前全世界种类近 2000 种；中国已知约有 147 种。此目昆虫外观上的共同特征是：头部呈倒三角形，具发达的镰刀式前脚。螳螂目昆虫的生活史属于渐进变态。

观察 螳螂

“螳螂”在其他国家还有“祈祷虫”“长颈虫”“天马”“预言家”等不同的别名，大概都是由它那夸张的外形所引发的联想。螳螂捕食猎物的功夫十分了得，武术中的“螳螂拳”，也是唯一一种灵感得自昆虫的拳法。

螳螂小档案
分类：属于螳螂目的所有昆虫
种数：全世界约有 2000 种，中国已知约有 147 种
生活史：卵—若虫—成虫

触角：呈细丝状。

口器：咀嚼式口器。

复眼：大而突出，明显分开。

脚：前脚粗壮，特化成镰刀状，且内侧密生成列的尖刺。中、后脚则相对较为细瘦。

翅膀：带透明感。上翅交叉重叠覆盖腹部，下翅折叠在上翅下方。

尾丝：腹部末端有两根尾丝，但通常被翅膀盖住。

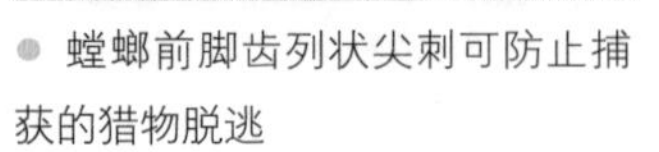

螳螂前脚齿列状尖刺可防止捕获的猎物脱逃

标本：体长 5.5cm（不含翅膀）

要诀1.看外观特征

正面看，螳螂有张倒三角脸，大复眼分置头部两侧，体表颜色非绿即褐。其最大特征是那对发达的镰刀状前脚，猎捕食物时杀气腾腾；不用时缩在胸前，仿佛在祈祷。整体而言，螳螂的身体颇修长，但同一种螳螂中，通常雌虫的体型较大，腹部也较肥胖、宽大。

要诀2.解读生态行为

1.看食性和栖息环境

螳螂不论成虫或若虫都是纯肉食性昆虫，平常都静静地栖息在花丛、叶丛或枝干上，伺机捕食靠近的其他昆虫。

由于螳螂只捕食活虫，因此弱肉强食、大吃小的情形经常普遍发生在螳螂同类之间。假如雄虫和雌虫交尾过久，也可能发生雌虫转身将伴侣啃食下肚以便充饥的情况，但并非必然的结果。

大部分螳螂是昼行性的昆虫，但是少数种类在夜晚仍有趋光飞行的习性，在路灯下活动时还会随机捕食其他趋光的昆虫以充饥。

2.看产卵行为

雌螳螂有颇特殊的产卵习性。当它们身怀满腹“卵粒”时，会静静地倒攀在植物枝丛之间，将卵粒接连产出，同时分泌泡沫状胶质来包覆卵粒，当这些泡沫状胶质硬化之后，便形成具保护作用的“卵囊”。每一种螳螂的卵囊都有特定的形状与大小。在平地或低海拔地区最常见的宽腹螳螂或大螳螂，它们的卵囊中都包含着数百粒的卵粒。

刚产完卵的大螳螂

3.看孵化过程

螳螂小若虫孵化时，会接连从卵囊中钻出，并且形成细丝向下滑落，悬在半空中，小若虫再挣脱裹身的薄膜，正式孵化。接着，它们会沿着细丝向上攀爬，或直接掉落草丛的地面，开始四处活动。

由于孵化的虫体数量很多，食物不够时经常会发生互相捕食的情形。

螳螂经常守候在植物丛间，等候猎物自动送上门来

螳螂小若虫从卵囊钻出

蜚蠊目的世界

蜚蠊目昆虫即一般俗称的“蟑螂”。目前全世界种类有 5000 多种；中国已知约有 200 种。此目昆虫外观上的共同特征是：身材扁平，头部缩于前胸背板下侧，触角多半比身体还要长。蜚蠊目昆虫的生活史属于渐进变态。

观察 蟑螂

蟑螂是最古老的昆虫之一，从化石的研究结果可知，蟑螂的祖先在 3 亿 5000 万年前便存在于地球；居家环境中，它也是最常见的昆虫之一，大家对这类人人喊打的昆虫似乎再熟悉不过了。只是，你曾经仔细“欣赏”过蟑螂的长相吗？

蟑螂小档案
分类： 属于蜚蠊目的所有昆虫 **种数：** 全世界约有 5000 种，中国已知约有 200 种 **生活史：** 卵—若虫—成虫

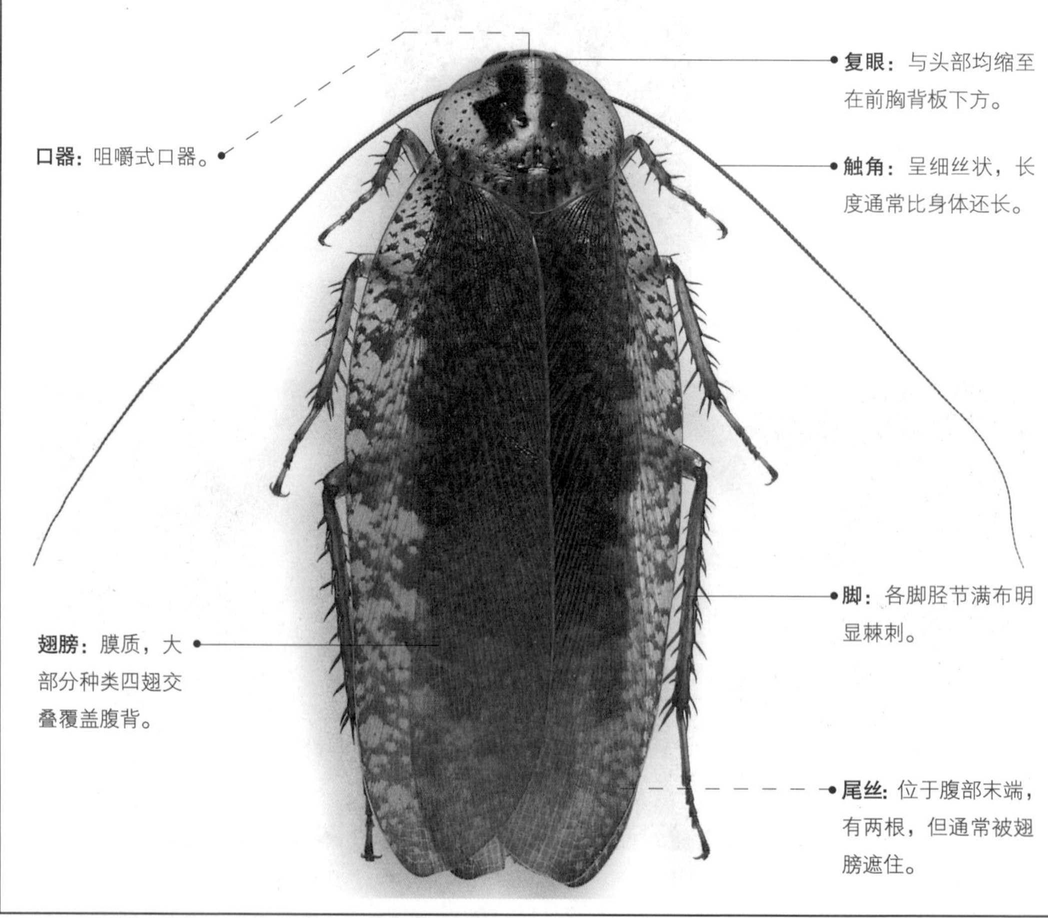

标本：体长 3.4cm（不含翅膀）

要诀1.看外观特征

蟑螂的身体椭圆扁平，褐色的体表多数泛着油质亮光，因此日本人称它为“油虫”。它的头部缩藏在前胸背板下方，触角特别细长。撇开平时对蟑螂的厌恶感，细看下，其实蟑螂也有它特殊的美感哩！

要诀2.解读生态行为

1. 看栖息环境

蟑螂的身体扁平，这种身材适合躲藏在各种环境的隙缝中。许多人不清楚，并不是所有的蟑螂都居住在室内的厨房、浴厕或水沟中。

事实上，栖息于户外环境的蟑螂，大约是室内常见种类的10倍。夜间在草丛、树皮落叶堆中都很容易发现大家较陌生的种类，甚至有些蟑螂几乎一辈子都住在阴暗、不见天日的枯木中。

2. 看食性

蟑螂大部分是标准的夜行、杂食性昆虫。

在人们夜晚休息的时候，室内的蟑螂就从隐蔽阴暗的角落出来觅食，不论是人类的食物或残渣、垃圾、毛发、衣物、书籍、饲料、皮屑、动物死尸，甚至是粪便，全都是它们的美食。正由于它们经常往来于脏物和人们的食物、餐具间，因此成了传播许多病菌的卫生害虫。

相较于室内的蟑螂，大部分生活于户外的蟑螂对人类的环境卫生并没有太大的影响，因为这些种类多半以腐败的植物或动物为食。少数较特殊的蟑螂则是住在枯木中，以枯木为食。对大自然而言，这些户外的蟑螂反倒都是属于清道夫级的益虫。

木蠊的若虫生活在枯木中，成群啃食木头纤维

3. 看产卵行为

室内的蟑螂大多寿命很长，繁殖力又强。以最常见的美洲蟑螂为例，它的雌虫可以存活一年多，一生中可以产下五六百粒卵。

室内的蟑螂还有特别能适应人类生活环境的产卵习性。它们的雌虫会将内藏十几粒至几十粒的卵保护在像颗红豆的“卵鞘”中，而卵鞘则经常黏附在橱柜、家具、电器的角落缝隙中。再加上它们生活在室内，几乎无其他具威胁性的天敌存在，于是常随着人们的经济活动或搬家移居，而遍布于世界各地。

麻蠊是溪流环境中常见的蟑螂，夜晚具趋光

蟑螂的卵群有坚硬的卵鞘，常藏在家具的阴暗缝隙

半翅目的世界

全世界的半翅目昆虫约有 40000 种，中国已知有 3100 多种。此目昆虫外观上的最大共同特征是：它的上翅前半部硬化成革质，后半部则为膜质。半翅目昆虫的生活史属于渐进变态。

观察 椿象

观察椿象的第一个步骤，是依栖息环境来判断它是陆生椿象、两栖椿象，还是水生椿象。这 3 类椿象有共同的外观特征，但为适应不同的环境，外形也各具特色。和陆生椿象打交道时要格外小心，因为它们大多都擅长排放含有独特腥臭味的体液来自卫。

椿象小档案
分类： 属于半翅目的所有昆虫
种数： 全世界约有 40000 种，中国已知有 3100 种
生活史： 卵—若虫—成虫

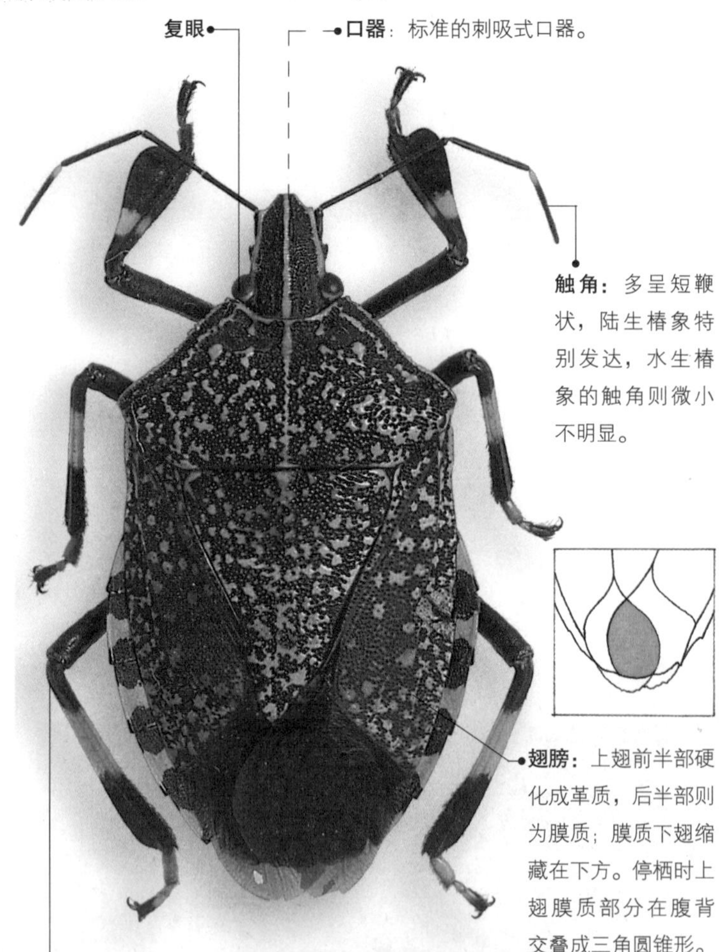

复眼

口器：标准的刺吸式口器。

触角：多呈短鞭状，陆生椿象特别发达，水生椿象的触角则微小不明显。

翅膀：上翅前半部硬化成革质，后半部则为膜质；膜质下翅缩藏在下方。停栖时上翅膜质部分在腹背交叠成三角圆锥形。

脚：陆生椿象 6 只脚明显而对称；两栖椿象中、后脚特别细长；水生椿象的前脚多特化成镰刀状。

标本：体长 2cm（本种为陆生椿象）

● 水生椿象有呼吸管及镰刀状的前脚。图为小红娘华

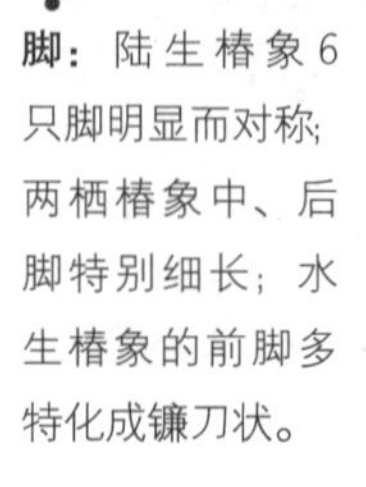

● 两栖椿象统称“水黾”，因为外形乍看像蜘蛛，又俗称“水蜘蛛”

要诀1.看外观特征

椿象外观上最主要的特征是：上翅前半部呈革质，后半部呈膜质，停栖时，膜质部分在腹背交叠出三角圆锥形。而类别的差异是，陆生椿象有发达的短鞭状触角；水生椿象多半具镰刀式前脚；两栖椿象的中、后脚特别细长，乍看外形近似蜘蛛。

要诀2.解读生态行为

1. 看食性

椿象拥有标准的刺吸式口器，所以只能以流体物质当食物。陆生椿象由于种类的差异，它们有的是植食性，吸食植物的花果茎叶汁液；有的则是肉食性，捕食弱小昆虫吸食体液或叮人吸血。

水生椿象吸食水中小动物体液

水生椿象都是肉食性昆虫，以镰刀状的前脚捕食小鱼、蝌蚪。

两栖椿象也是肉食性昆虫，通常浮在水面，伺机捕食落水的小虫子。

2. 看栖息环境

陆生椿象因食性不同，所以栖息环境也不太相同，例如有固定寄主植物的植食性椿象，栖息环境便离不开这些植物；肉食性椿象并没有特别固定的猎物，因此在植物丛间都有机会见到。两栖与水生椿象则通常都生活在静水水域中，如在池塘、沼泽、湖泊等环境中，都很容易找到它们的行踪。

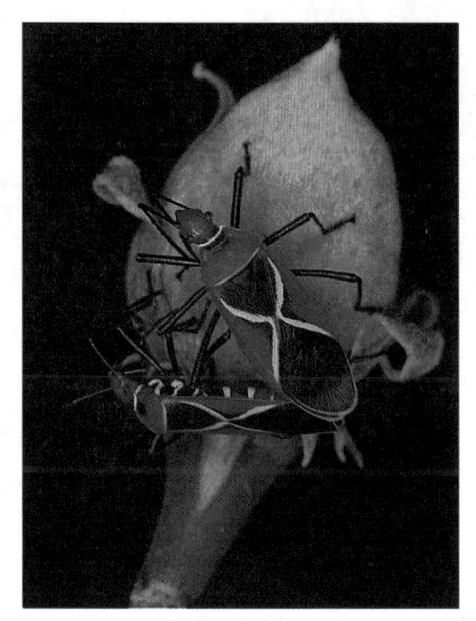

植食性的陆生椿象以吸食植物的花果茎叶汁液为生

3. 看有趣的生态行为

许多陆生椿象都有一个特点，即它们的身上有“臭腺”组织，遇到危险时，会施放非常腥臭的体液来驱退敌人。相信常跑野外的人多少都吃过它们的亏，所以许多人便直呼这些会排放臭气的椿象为“臭虫”。

水生椿象中田鳖科的“负子虫”，雄虫背上常背着成堆的卵粒，是水生世界的“新好爸爸”；属于仰泳虫科里体型微小的“仰泳虫”（又称松藻虫），因常在水中仰着游泳而得名。

“负子虫”的雄虫背上常背着成堆的卵粒

“仰泳虫”因常在水中仰着游泳而得名

同翅目的世界

同翅目也是昆虫纲中的一个大目。全世界已知同翅目昆虫约有 32800 种；中国已知约有 1930 种。由于同翅目昆虫种类多，外观和体型变化很大，因此没有共同的名称，不过有一类成员是大家最熟悉的鸣虫——蝉，其生活史属于渐进变态。

观察 蝉

蝉是同翅目昆虫中大家最熟知的鸣虫，俗名叫“知了”。蝉的鸣声响亮，但因多数种类藏身林木高处，因此许多人对其虫声反而比对虫形更熟悉。其实，常在草丛中出现的草蝉与在灌丛中生活的黑翅蝉都很容易靠近观察，有机会更别忘了亲身见识“金蝉脱壳”的精彩实况。

蝉小档案
分类：属于同翅目蝉科
种数：全世界约有 3000 种 中国已知约有 100 种
生活史：卵—若虫—成虫

蝉停栖时，翅膀贴置于腹部背侧，拱起呈屋脊状

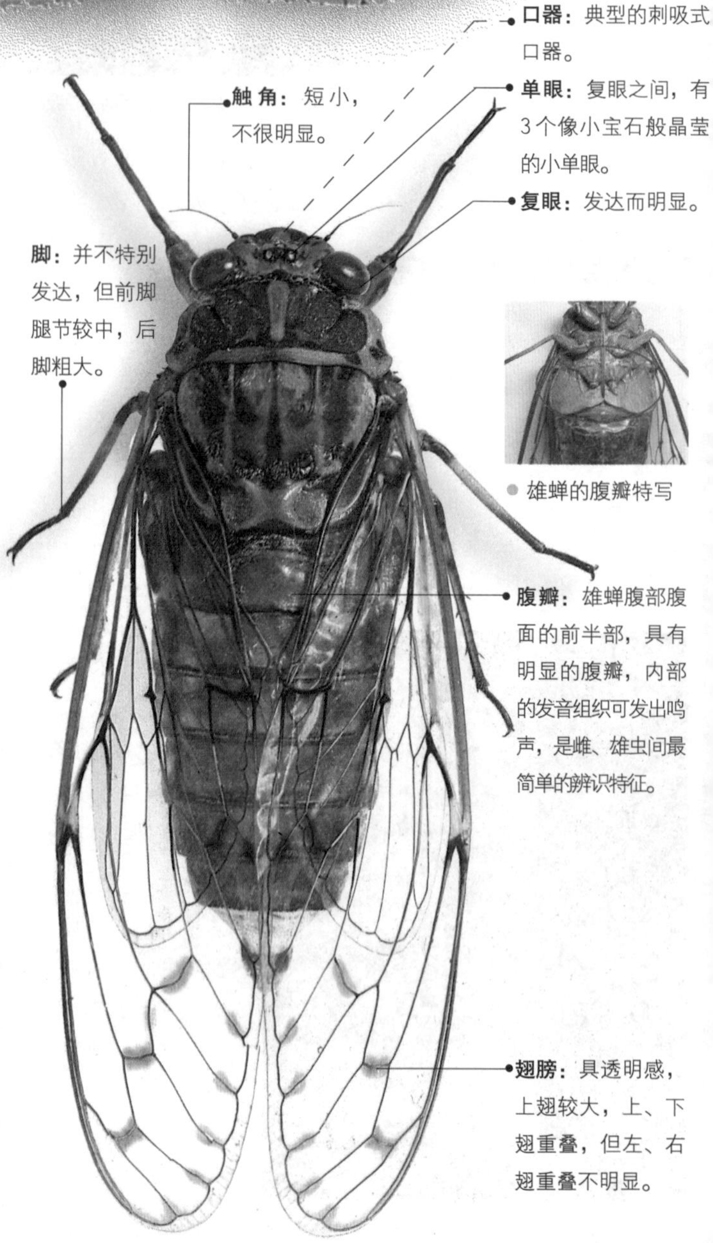

雄蝉的腹瓣特写

标本：体长 3.7cm（不含翅膀）

要诀1.看外观特征

蝉是同翅目昆虫中体型较大的一类，体长最大超过6cm。最主要的外观特征是：宽而短的头部上有一对复眼，胸部背侧常有类似京剧脸谱的图案；而它停栖时，两对具透明感的翅膀拱在腹背，呈现屋脊状。

要诀2.解读生态行为

1. 看食性与栖息环境

蝉和其他同翅目昆虫一样，具有典型的刺吸式口器。它们全部都是植食性的昆虫，平常以吸食植物各部位的汁液为生。除了少数体型较小的蝉会在叶片上吸食汁液外，大多数都习惯停栖在植物的茎干，将口器刺入树皮内吸食树汁。

栖息于树干的骚蝉，是树林最吵杂的鸣蝉

2. 倾听鸣声

雄蝉经常发音鸣叫，目的是用来宣示领域和吸引雌蝉，雌蝉听见这些特定频率与节奏的鸣声，便会主动飞到雄蝉停栖的树干上与其交配。雄蝉发音的构造和直翅目昆虫不同。在它们的腹部腹瓣下有一组由鼓膜、镜膜、共鸣箱等构造组成的发音组织，当腹部内肌肉来回收缩时，鼓膜会发生振动，经由其他部位共鸣之后，发出大家熟悉的蝉鸣声。

黑翅蝉雄蝉利用鸣声吸引雌蝉前来交配

3. 看若虫习性

交配后的雌蝉会在植物的枯枝上产卵，孵化后的小若虫掉落地面之后，便钻进地底生活，它们会找到植物的根部吸食汁液。蝉在漫长的幼生期中慢慢蜕皮成长，直到羽化的前一天夜晚，才钻出地面在附近植物茎干或草丛间羽化变为成虫。蝉的成虫寿命不长，但是若虫在地底最少要待上一年，例如美国地区的“17年蝉”，若虫在地下足足要生活17年才会出土。

蝉的若虫会在地底经历一段漫长的时光

4. 看羽化过程

“金蝉脱壳”是大家耳熟能详的成语，其实要观察这样的精彩画面也不困难。只要利用春末夏初的夜晚，到郊外或公园的大树下，用手电筒很快就能找到刚钻出地面的若虫。等到它爬到选定的地点不再移动位置之后，在短短的半小时以内，它就会表演全程的蜕壳羽化过程，有兴趣的人还可以备妥相机和闪光灯，拍下它“金蝉脱壳”的精彩过程。

正在进行蜕壳羽化的薄翅蝉

鞘翅目的世界

鞘翅目是昆虫家族中最大的一目，所有成员统称“甲虫”。目前全世界的甲虫超过30万种，而中国应有30000种以上。此目昆虫外观上的共同特征是：上翅特化成硬鞘，称为“翅鞘”，覆盖于腹背，左、右翅成一直线接合。其生活史属于完全变态。本书介绍最常见的14大类甲虫。

观察 步行虫

步行虫属于中、小型的甲虫，顾名思义，此类虫子的专长是“步行”。由于多数步行虫是夜猫子，白日若想进行观察，不妨试着翻开野外地上的石块或枯木，也许会发现一种身材“凹凸有致”的虫子藏身其中，没错，它很可能就是正在“昼寝”的步行虫呢！

步行虫小档案
分类： 属于鞘翅目肉食亚目步行虫科
种数： 全世界约有30000种，中国约有2000种
生活史： 卵—幼虫—蛹—成虫

标本：体长1.8cm

要诀1.看外观特征

步行虫的特征是：身躯特别扁平，大多数同时具有“脖子”（头、胸间）与“腰身”（前胸、翅鞘间），并有3对对称而细长的“步行脚”，而翅鞘上通常具有明显的纵向浅沟，这也是确认其身份的一项标记。

要诀2.解读生态行为

1.看栖息环境

步行虫多为地栖性甲虫，少部分有穴居地底的习惯，有些则是树栖的种类。因此，在树丛间或木本植物花丛上也会找到在其间觅食活动的步行虫。

大部分步行虫属于夜行性昆虫，而且多半有趋光飞行的习性，因此山区路灯下很容易见到种类繁多的步行虫。这些夜行的步行虫，白天常躲在树皮、枯木、落叶堆、石块下或地穴中的阴暗缝隙里。

2.看食性

步行虫属于肉食性昆虫，不管是昼行或夜行的种类，它们经常会捕食弱小昆虫、陆生螺类，或捡食刚被辗死的小动物死尸。步行虫的幼虫和成虫一样具有咀嚼式口器，昼伏夜出，随处爬行，捕食其他软体的小虫子。

步行虫会捡食刚被辗死的小虫子

步行虫幼虫捕食其他软体的小虫子为生

3.看自卫方式

步行虫擅长在地面快速爬行。虽然它们大部分都会飞行，但是当人们发现它们而想要捕捉时，步行虫几乎都以快速走避的方式逃命，很少会扬翅起飞。

动作快的人应该不难追捕到步行虫，这时候可以领教它们另一项奇特的驱敌技巧。受到侵犯的步行虫，会从体内散发出腥臭的物质，有的闻起来像是没有晾干的雨衣，有的像是刺鼻的化学药品，这些味道都可以让许多肉食性天敌不敢靠近。

步行虫的近亲

放屁虫：和步行虫同属鞘翅目肉食亚目，但属于细颈步行虫科。外观上近似步行虫，虽然种类较少，但自卫驱敌的“屁功”却更惊人。

当放屁虫遭受侵犯时，它们会抬高尾端往敌人的方向喷出腥臭的腺液，并且发出“噗”的放屁声音。若有人被这种腺液喷到皮肤，瞬间会感到有点灼热疼痛，没有经验的人一定会吓得放手，它们就趁机脱逃。

放屁虫会放屁驱敌

观察 虎甲虫

虎甲虫又称“拦路虎”，是一类小型陆生甲虫。平时在野地看见虎甲虫时，它们总是抬头挺胸，一副高傲的模样，大家可别以为它们只是徒有其表，仔细瞧瞧它们那一嘴大獠牙，不难明白为何有人形容它们是纵横地面的杀手昆虫。所以，不管是中文名称或英文名称，“虎甲”之名绝非空穴来风。

虎甲虫小档案
分类： 属于鞘翅目肉食亚目虎甲虫科
种数： 全世界最少有 2500 种，中国已知约有 120 种
生活史： 卵—幼虫—蛹—成虫

要诀 1.看外观特征

这是一类翅鞘具有美丽光泽或斑纹的甲虫。它的复眼明显突出，头、胸几近等宽、等长。停栖时，其细长的各脚向下拱起，身体不贴着地面，则是野外观察、辨识虎甲虫的小秘诀。

虎甲虫具有发达的咀嚼式口器

标本：体长 1.5cm

要诀2.解读生态行为

1. 看食性

虎甲虫是标准的肉食性昆虫，常可见到它站在地面，顶高身体，注视四方，准备随时快速攻击、捕食其他在地面活动的弱小虫子。虎甲虫可说是蚂蚁的克星，蚂蚁只要从附近爬过，很少能逃过它的追击捕食。

除此之外，有时连体型比虎甲虫大一号的蝴蝶与蛾的幼虫也难逃一劫，虎甲虫会使劲地拖拉一只在地面爬行却无力反击的毛虫，一口接一口地将它慢慢啃食。

虎甲虫拱脚停栖的姿态像个站岗的士兵

正在啃食飞蚁的虎甲虫

2. 看栖息环境与避敌行为

虎甲虫具有发达的步行脚，虽然也精于飞行，但平时习惯在地面疾行活动。虎甲虫最常出现在树林旁的荒地，或是人流量较少的林道或石子路面。

大家若发现眼前不远的地面上有只抬头挺胸的虎甲虫，打算靠近欣赏它的英姿时，它会立刻快跑一段，和你保持安全距离；若再试图接近它，它便会瞬间扬翅起飞，然后在远处重新停落地面。总之，和人们保持安全距离似乎是虎甲虫的本能。

虎甲虫是昼行性昆虫，但是夜晚在路灯附近休息的个体，偶尔也会趋光飞到路灯下活动。

3. 看幼虫习性

虎甲虫幼虫会在地面或枯树干中挖筑藏身的隧道，并躲在洞口，将头部藏在洞口的中央，并且随时观察洞口附近的风吹草动，一旦有爬行的小猎物靠近，它们会迅速钻出洞口，一口咬住猎物，再迅速地将其拖回洞中去，慢慢享受可口美味的大餐。

虎甲虫的近亲

背条虫：肉食亚目中还有一类小甲虫——背条虫，是虎甲虫的近亲，但和虎甲虫不太相像，其身材比较细长，最大特征是头上的念珠状触角。它们的种类不多，平常几乎都藏身在朽木内活动，户外比较不容易发现。

背条虫具有特殊的念珠状触角

观察 龙虱

龙虱小档案
分类： 属于鞘翅目肉食亚目龙虱科
种数： 全世界约有 4000 种，中国已知约有 200 种
生活史： 卵—幼虫—蛹—成虫

龙虱，俗称“水龟仔”，是水田和池塘常见的中、小型水栖甲虫。不过，当环境不适合生活时，龙虱可以爬离水面另觅天地，不少种类甚至还能在夜晚趋光飞行，可说是甲虫当中少见的水、陆、空“三栖族”！

口器： 咀嚼式口器。

触角： 呈短鞭状。

复眼： 略微隆起呈圆球状。

前胸背板

翅膀： 翅鞘非常光滑；膜质下翅缩藏于下方，可用来飞行。

龙虱的后脚长着长毛，有利于划水游泳

要诀 1.看外观特征

龙虱的头、胸部非常短小，与腹部连接成前后微微尖突的扁椭圆状；加上光滑的体背，整体呈现出优美的流线造型。龙虱还有另一个明显的外观特色，那就是后脚特别扁平宽大，如同船桨般，非常适合在水中悠游。

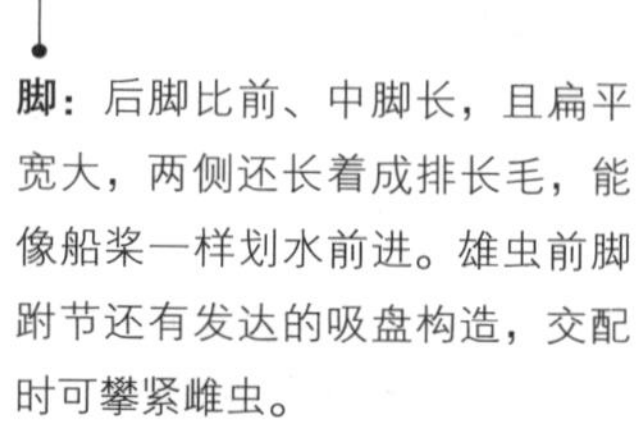

脚： 后脚比前、中脚长，且扁平宽大，两侧还长着成排长毛，能像船桨一样划水前进。雄虫前脚跗节还有发达的吸盘构造，交配时可攀紧雌虫。

龙虱雄虫前脚的吸盘特写

标本：♀・体长 2.4cm

要诀2.解读生态行为

1. 看栖息环境

龙虱是典型的水栖性甲虫，其大多数生活在池塘、湖泊、沼泽等静水环境中，少数栖息于溪流、山沟的缓流水域中。

2. 看食性

龙虱是肉食性或腐食性的昆虫，偶尔会捕食其他弱小的水栖昆虫。但是它们的视力并不特别好，因此嗅觉是觅食成功的重要利器。这么一来，水生小动物的死尸便成了龙虱最方便取得的食物，有时候它们还会成群循味啃食死尸且相安无事。

龙虱的幼虫则是擅长捕食小虫的纯肉食者，不过幼虫的口器属于刺吸式，不同于成虫的咀嚼式。

● 龙虱经常以腐败的水栖性小动物为食

● 龙虱是会携带空气潜水的可爱甲虫

3. 看水中憋气特技

龙虱虽然长时间在水中生活，但是它们并不具有像鱼类的鳃，因此每隔一段时间，必须浮到水面来换气。为了增加自身在水中憋气的时间，龙虱可以从腹部末端吸进一大口空气，再将这些空气贮藏在翅鞘和腹部之间的夹缝中。这么一来，它们只要换一次气便足够在水中活动好几分钟。

有些龙虱在换气时常会从尾端吸入过多空气，当它们潜入水中后，这些过多空气会从尾端冒出，因此常可看到它们的尾巴上挂着一个大大的气泡，模样十分可爱。

4. 由交配行为看雌雄差异

在外观上，大部分龙虱雌雄个体间并没有特别显著的差异，不过从前脚的构造上却可以简单分辨出雌雄个体：因为龙虱雄虫的前脚末端有成列的小吸盘构造，它是交配时用来攀紧雌虫光滑背部的利器，雌虫就没有这个特殊构造了。

● 龙虱交配时，雄虫会利用前脚的吸盘攀住雌虫

观察 埋葬虫

埋葬虫虽然不是甲虫中的大类，却是户外环境很常见的中型甲虫。从名字来看，埋葬虫一定和尸体脱离不了关系。有些埋葬虫在树林中找到动物死尸时，会集体将动物死尸下方的泥土挖松，然后将它埋入地底，留待将来慢慢享用。

埋葬虫小档案
分类： 属于鞘翅目多食亚目隐翅虫总科埋葬虫科
种数： 全世界约有 175 种，中国已知约有 24 种
生活史： 卵—幼虫—蛹—成虫

要诀 1. 看外观特征

埋葬虫的外观变化很大，有的呈圆筒状，有的则呈平扁状。比较容易辨识的特征是：大部分埋葬虫的翅鞘较短，腹部末端常显露在外；此外，棍棒状的触角末端特别膨大是它的另一个小特征。

标本：体长 3cm

要诀2.解读生态行为

1. 看食性

埋葬虫是标准的腐食性昆虫，成虫或幼虫均以动物的死尸为食，连野外的垃圾堆中，偶尔也可以发现前来觅食的埋葬虫。其短棍棒状的触角便是它们用来循味找寻食物的嗅觉利器。

2. 看栖息环境

由于食性的关系，埋葬虫多属于地栖性甲虫，平时较常在地面爬行，在动物死尸附近偶尔可以见到它们前来觅食。

部分夜行性埋葬虫也会趋光，在山区路灯附近的地面上不难发现。

3. 看自卫行为

埋葬虫的行动不敏捷，徒手捉捕并不困难，但是喜欢采集甲虫的新手却常会因此不慎吃亏。这是由于埋葬虫身上原本有来自食物环境的腐臭，当它们一旦遭受骚扰攻击，会从尾端排出一大堆粪液，散发出浓烈恶心的尸臭味。所以，有兴趣采集的人不能不格外小心。

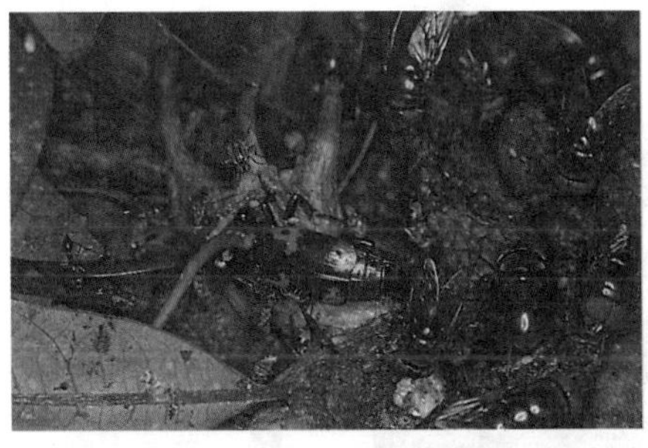

埋葬虫常在动物腐尸上与苍蝇争食

一群埋葬虫幼虫正争食一团腐肉

垃圾堆中正在交配的埋葬虫

埋葬虫受到骚扰时，除了装死之外，还会从尾端排出尸臭味的粪液来驱敌

埋葬虫的近亲

隐翅虫：与埋葬虫同属隐翅虫总科，是个种类繁多的大家族。翅鞘很短是外观上最大的特征，但多属于小型甲虫。

最常见的红胸隐翅虫，是乡下田间栖息的小甲虫。其在夜晚具趋光性，很容易穿过纱窗进入室内活动；由于它身怀剧毒，在遭受侵犯时会从尾端分泌毒液。其毒液会引起皮肤肿痛溃烂，因此最好不要直接用手捕捉红胸隐翅虫。

红胸隐翅虫是危险的小昆虫

观察 锹形虫

锹形虫的雄虫是许多喜好收藏甲虫的虫痴们的最爱。除了它们的外形特别雄壮威武外，另一个特色是，同一种的雄锹形虫常因体型的大小而大颚外观有显著的差异。因此，有些锹形虫同一种就有六七种以上的不同模样。这样虽然增加了鉴定区分的困难度，但同时也增加了收藏的挑战性和多变性。

锹形虫小档案	
分类：	属于鞘翅目多食亚目金龟子总科锹形虫科
种数：	全世界约有1200种，中国已知约有400种
生活史：	卵—幼虫—蛹—成虫

要诀 1.看外观特征

锹形虫的身体扁平壮硕，外壳坚硬，加上头上那对威武的螯夹（大颚），看起来就像是全副武装的中世纪武士。的确，大颚可说是锹形虫最明显的一项特征，但要注意的是，只有雄虫才有发达的大颚，而且也有一些种类的雄锹形虫大颚并不那么明显。此时，可观察其触角，因为近缘（同属金龟子总科）的甲虫中只有锹形虫的触角呈“屈膝状”。

标本：♂，体长7.5cm（含大颚）

要诀2.解读生态行为

1. 看食性

锹形虫的口器构造只适合用来吸食流质的食物。因此野外的树汁和腐果是它们的最爱，像是栎树、柑橘树、青刚栎的树干树枝上，常可见到多种锹形虫趋集觅食；而地上的腐烂菠萝更是会吸引嗅觉灵敏的锹形虫来吸取汁液，而且往往一两天都不会离去呢！

为了方便在树干上觅食树液，不少锹形虫会利用大颚来夹破树皮令其流汁；而为了抢夺争食，它们也会以大颚来作为攻击竞争对手的武器。所以，野外的锹形虫中常可见到被夹破身体或缺肢断螯的“伤兵败将”。

喜欢吸食树液的两点锯锹形虫

2. 看栖息环境

锹形虫的成虫不管是觅食、求偶和交配一般都离不开树木，而幼虫也是以啃食朽木为生，因此只要是有树林的环境一般会有锹形虫活动栖息。而且树林面积越大、植物种类越多、人类开发破坏越少，锹形虫的数量、种类就越丰富。

野外柑橘园是锹形虫觅食的天堂

在郊外与山区的许多柑橘园中，树干破皮渗流汁液的场所，是扁锹形虫、鬼艳锹形虫、红圆翅锹形虫等常见种类最佳的觅食地点，夏季和秋季是最合适观察锹形虫的季节。

3. 看幼虫习性

锹形虫的幼虫全部都是以啃食枯朽树木为生，因此雌虫会找到树林中的枯木或腐木产卵，幼虫孵化后便在其中钻洞啃食。不同种类的锹形虫幼虫其摄食习惯也大异其趣，例如有的喜欢树林中倾倒的朽木，有的偏爱直立的枯一木，有的则会栖身在土壤与朽木之间，进食时便直接啃食枯木的树头或根部。

锹形虫的幼虫看起来软绵绵的，但个性的凶猛程度却远超过成虫，一旦两只幼虫正面相遇，可能马上以发达的口器与大颚互咬。因此它们多半是在暗无天日的朽木中各自过着独居的生活。

曾因争战而损失一根大颚的锹形虫

在朽木树干中四处钻洞蛀食的锹形虫幼虫

观察 金龟子

金龟子小档案	
分类：	鞘翅目多食亚目金龟子总科的甲虫中，除了锹形虫和黑艳虫，其他合称为“金龟子”
种数：	全世界约有 30000 种，中国已知约有 1300 种
生活史：	卵—幼虫—蛹—成虫

用长线的一端绑着金龟子的后脚，手握着另一端在空中转两圈，它便嗡嗡地飞起来。因此，金龟子成了许多人儿时放的“活风筝”。其实，金龟子是甲虫中的大家族，种类多，外形差异相当大，像是造型奇特的独角仙与粪金龟，也都是金龟子家族的成员，而它们的生态特征也各异其趣。

鳃叶状触角是金龟子外观上的一大特色

标本：体长 2cm

要诀 1.看外观特征

金龟子的外观因种类不同而各异其趣，但整体而言，大多数身体粗短，前胸背板与翅鞘明显拱起，短小的头部则低垂着，像是长期驼背，抬不起头的样子，还算容易分辨。此外，独特的“鳃叶状”触角也是很好的辨识特征。

要诀2.解读生态行为

1. 看食性

一般而言，金龟子可分为植食性与粪食性两大类。常见的植食性金龟子多以植物的花、叶、茎芽、果实、树汁或菌类为食，所以部分金龟子会严重危害植物。

在户外的牛粪、狗粪堆下，都有机会找到以哺乳动物粪便为食的金龟子，统称“粪金龟”。在自然界中，它们可是扮演着清道夫的角色。

许多金龟子喜欢在树枝树干破皮处觅食树汁

2. 看栖息环境

由于习性的差异，不同种类金龟子的活动时间与环境各不相同。喜欢金龟子的人必须多处寻觅，才能找到较多不同的金龟子。

一般夜行性金龟子（包含部分粪金龟）都会趋光，山区的路灯下很容易发现它们的踪影。昼行性金龟子则必须找到它们觅食的场所，才有机会发现较多的种类。

在山区许多木本植物的花丛间，例如青冈栎、食茱萸、贼仔树的花丛上，会有不少喜欢访花的金龟子群聚觅食。喜欢吸食树汁的金龟子则可以在渗流树汁的茎干上找到，例如郊外或山区的柑橘园便是理想的观察场所。而粪食性金龟子自然得到粪便堆中去寻找了。

在花丛上栖息觅食的小绿花金龟

3. 看幼虫习性

植食性金龟子的幼虫大部分都栖息在腐殖土地下，如垃圾堆下常见的“鸡母虫”，其以腐殖土或植物的根为食物；少数植食性金龟子幼虫则栖息于枯朽腐木中，以木头为食物。

粪金龟雌虫多半会在粪便下面挖掘深入地底的隧道，在地底将粪便制成育儿粪球，让幼虫在粪球中慢慢摄食成长。

粪金龟以哺乳动物的粪便为食

金龟子幼虫多生活于腐殖土或朽木中

观察 吉丁虫

喜欢甲虫的人，对吉丁虫一定不陌生。它们那一身令人惊叹的艳丽外表，使它们成为许多收藏家心中的最爱。吉丁虫有个别名称为“玉虫”，在古代的日本有不少高贵的家具是以成排的吉丁虫翅鞘作为镶饰，可见得在日本，吉丁虫还是尊贵与地位的象征。

吉丁虫小档案
分类：属于鞘翅目多食亚目吉丁虫总科吉丁虫科
种数：全世界超过 15000 种，中国已知约有 180 种
生活史：卵—幼虫—蛹—成虫

要诀 1.看外观特征

一般而言，吉丁虫的身体呈线条优美的长椭圆形，翅鞘大多具美艳色彩并带金属光泽，十分容易辨认。只是要小心，不要和外观类似的叩头虫(见114页)混淆了。

● 吉丁虫身上常有美丽的色彩与斑纹

标本：体长 3.5cm

要诀2.解读生态行为

1. 看栖息环境

由于吉丁虫少有夜行趋光性的种类，因此较难采集，平时只有在树林旁随机网捕空中飞过者，或是趁机捉捕那些刚好停在较低矮树丛间或地面上的吉丁虫。

因为吉丁虫不擅长爬行，经常就在树林间飞行觅食或求偶。所以，除非找到幼虫特定的寄主植物，并在一旁守候，要不然很难找到较稀有的美丽种类。

植食性的粉彩吉丁虫正栖息在叶面上

林间的松吉丁虫

2. 看食性

吉丁虫是植食性甲虫，成虫会啃食植物茎叶。由于许多吉丁虫都有特定的寄主植物，因此不像蝗虫那么随处可见。

大部分吉丁虫喜欢甜食，因此采集到的成虫可以直接以水果切片喂食饲养。此外，有些体型较小的吉丁虫还喜欢在木本植物的花丛间访花吸蜜。

吉丁虫除了访花吸蜜之外，也会吸食水果汁液

3. 看生活史变化

吉丁虫的雌虫会在特定的寄主植物树木茎干或新鲜的枯木上产卵。幼虫孵化之后便钻洞深入树干中，以蛀食木质纤维为生。

成熟后的吉丁虫幼虫会在树干中啃出一个椭圆形的蛹室居住，经过蜕皮、化蛹、羽化为成虫阶段后，才会钻出树干外活动。

吉丁虫的幼虫会在树干中钻行，啃食木质纤维

玉雕般的吉丁虫蛹

刚羽化的吉丁虫翅鞘还是白色的，经过一段时间才会硬化，显现出正常的色彩

观察 叩头虫

抓着一只叩头虫时，若用手指捏紧它的下半身，这只紧张万分的昆虫便会在人们指间不停地磕头作响，因此，它又被叫做“磕头虫”。其实磕头并不表示此虫格外谦卑有礼，这是它在野外的逃命避敌绝招。不信的话，可以将叩头虫翻过身子，放在地板上，逗弄一会儿之后，它便会借着磕头的力量在地面瞬间反弹，逃离危险的现场。

叩头虫小档案	
分类：	属于鞘翅目多食亚目叩头虫总科叩头虫科
种数：	全世界已知有8000多种，中国已知约有600种
生活史：	卵—幼虫—蛹—成虫

要诀1.看外观特征

叩头虫的外观近似吉丁虫，颜色艳丽的种类更是神似。辨识的主要关键在于它们的前胸：叩头虫前胸背板两侧下方各具有一个尖锐的棱角，而吉丁虫则无。此外，叩头虫的前胸背板较宽大，头部则窄小。

口器：咀嚼式口器。

复眼

触角：多数呈短鞭状，少数为特殊的栉齿状触角。

前胸背板：两侧下缘各具一个尖锐的棱角。

弹器：胸部腹面中央有一组“弹器”构造，包括一根棒状突起和一个可以相对密合的凹穴，这就是叩头虫借以磕头逃生的秘密武器。

叩头虫胸部腹面中央的弹器构造

翅膀：多数种类的翅鞘颜色暗沉；少部分具有亮丽的金属光泽及美艳的色彩斑纹。

脚：各脚协调，但不擅长快速爬行。

标本：体长3.2cm

要诀2.解读生态行为

1. 看食性与栖息环境

叩头虫在野外环境中，主要以啃食植物茎叶或吸食树液为生。有不少中、小型的叩头虫也常循着香味，来到木本植物花丛中访花吸蜜，因此树林可说是它们最活跃的栖息场所。此外，不少叩头虫夜晚也会趋光，所以山区路灯附近也是找寻它们踪影的最佳去处。

趋光后的叩头虫偶尔也会随机捡食昆虫尸体，所以，叩头虫可说是荤素兼食的杂食性昆虫。

吸食树液的大青叩头虫

2. 看避敌行为

叩头虫胸部腹面中央有一组可以自由分离或急速密合的弹器构造，这便是它借以瞬间猛力磕头，或翻筋斗逃生的秘密武器。

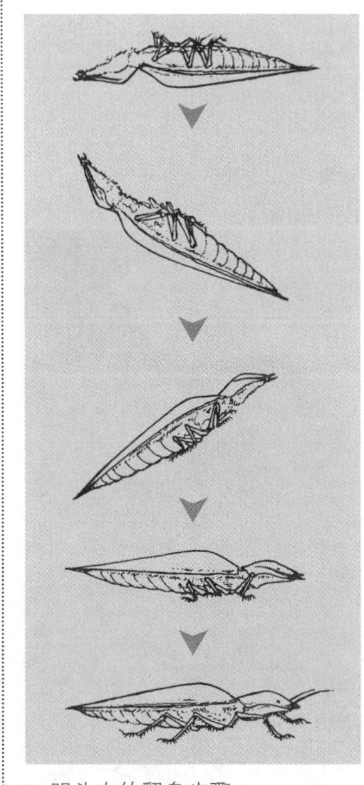
叩头虫的翻身步骤

当叩头虫由高处掉落地面，以致身体仰卧时，它会利用腹面的弹器将前胸往后一挺，“嗒”的一声，身体就翻过来了。当它受到侵扰时，同样也会利用弹器猛力磕头，以产生强大的反弹力量，达到逃避敌害的目的。

3. 看幼虫习性

叩头虫的幼虫和成虫一样，大部分是杂食性种类，平时寄居在枯木中四处钻洞，啃食木质纤维。一旦它们在枯木中遇到了锹形虫、吉丁虫、拟步行虫等甲虫的幼虫或蛹，便会借此饱餐一顿，即使对方体型很大、无法一口气吃光，也会将它们狠狠咬死，吃饱了方才罢休。

叩头虫幼虫寄居于枯木中，会啃食木头，也会捕食其他的甲虫幼虫或蛹

叩头虫幼虫会在枯木中制造蛹室化蛹

夜晚趋光的叩头虫会顺便捕食附近的小蛾充饥

观察 瓢虫

瓢虫小档案
分类：属于鞘翅目多食亚目扁虫总科瓢虫科
种数：全世界超过 5000 种，中国已知约有 400 种
生活史：卵—幼虫—蛹—成虫

在英国古代的传说中，只要少女抓一只小瓢虫放置手中，等小瓢虫爬至手指的指尖、展翅飞起，这只小虫子飞的方向，便是这位少女未来夫家所在的方向。因此，瓢虫的英文名称叫做“淑女虫”。外观上，瓢虫长得十分秀气可爱，举止也相当淑女，但事实上，许多瓢虫却是植物小医生呢！

这是双纹小黑瓢虫，体长仅约 2.5mm，野外还有体型更小的种类

口器：咀嚼式口器。

复眼

触角：呈短鞭状，但不太明显。

前胸背板

翅膀：肉食性瓢虫翅鞘上多半具有亮丽的光泽，及美艳的色彩斑纹；植食性瓢虫翅鞘上则因满布细短绒毛，较无光泽。

脚：粗短，常缩在翅鞘下方，适合在植物丛间攀爬。

要诀 1.看外观特征

瓢虫的体型很迷你，许多种类的体长甚至不到 0.5cm，头部十分短小，常缩藏在前胸背板下侧。但它那圆滚滚的半球形身体，与色泽亮丽的外观，却使人无法因其体型小而忽略它的存在。肉食性瓢虫成虫的外观斑纹有极大的个体差异，甚至同一种瓢虫中有超过 5 种的外观模样，一般人刚开始，很容易当成不同的种类。

标本：体长 0.8cm（本种为肉食性瓢虫）

要诀2. 解读生态行为

1. 看食性与栖息环境

大部分的瓢虫属于肉食性昆虫，成虫或幼虫都常常穿梭在植物丛间，以捕食蚜虫、介壳虫、木虱等小害虫为生，因此它们常被美称为“植物小医生”。

其他的植食性瓢虫则是以菌类或植物叶片为食物。吃植物叶片的瓢虫通常比较挑食，成虫和幼虫习惯寄居在特定植物上啃食叶片，所以很少会严重危害植物健康。

植食性瓢虫经常将寄主植物啃得面目全非

2. 看自卫行为

瓢虫和大多数其他甲虫有个共同的习性，那就是遇到突然的侵扰，它们会六脚一缩，从植物丛间掉落地面装死，以寻求逃命自保的机会。

另外，瓢虫还有一个自卫的习惯，那就是当它们遭到严重攻击时，会从各脚或身体的关节分泌出橙黄色的体液，这些液体具有腥臭的气味，有时可以用来驱退侵犯之敌。

3. 看生活史变化

一般常见的肉食性瓢虫的幼生期生活史都很短。在野外植物丛的蚜虫堆间捕食蚜虫的瓢虫幼虫身长若已达1cm，大部分是已经接近成熟的终龄幼虫。

只要有充足的食物来源，成熟的终龄幼虫在一两天内就不再进食，然后会在植物丛间找个合适的位置，将尾部直接粘在植物茎叶上，一天内就会蜕皮变成较圆胖的蛹。再历时一个星期左右，蛹便会蠕动脱壳，羽化出成虫。

刚羽化的瓢虫翅鞘全为米黄色，经过半天至一天的时间，便会逐渐显现出该种瓢虫的正常体色和斑纹。

六条瓢虫的幼虫

六条瓢虫的蛹

刚羽化的六条瓢虫成虫翅鞘为米黄色

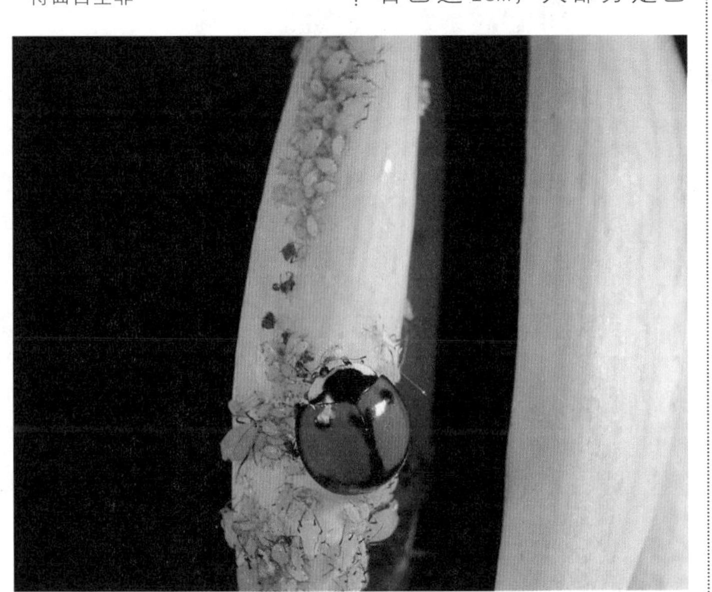

肉食性瓢虫经常游走在植物丛间，找寻可以充饥的蚜虫。图为锚纹瓢虫

芫菁

芫菁的种类不多、造型特别，却是野外常见的甲虫。芫菁会飞行，但很少见到它们利用翅膀行动，反倒是经常顶着像是“胆囊”的大肚子，在地面上四处爬行，也因此被俗称为“地胆”。

芫菁小档案	
分类：	属于鞘翅目多食亚目拟步行虫总科芫菁科
种数：	全世界约有 2500 种，中国已知约有 40 种
生活史：	卵—幼虫—蛹—成虫

要诀1. 看外观特征

芫菁的头又圆又大，“脖子”细细的，拖着又粗又肥的肚子，雌虫看起来更像个怀胎十月的准妈妈。另一个特征是：它的翅鞘表面大多没有光泽，触摸起来薄而软，与其他有着坚硬外壳的甲虫有明显区别。

复眼

口器：咀嚼式口器。

土芫菁的雄虫有形状特殊的触角，这是数量较少的种类

触角：多呈鞭状，少数种类雄虫触角形状特殊。

胸部：前胸背板与头部约等大；部分雄虫腹面有特别长的密毛丛。

翅膀：翅鞘薄而软，左、右翅下缘自成弧度。

脚：各脚细长，适合攀爬在植物丛间；部分雄虫前脚有特别长的密毛丛。

标本：♀・体长 1.6cm

要诀2. 解读生态行为

1. 看食性与栖息环境

芫菁的种类虽然不多，但是在野外环境中，豆芫菁和条纹豆芫菁却是常见的甲虫。它们的成虫都是植食性昆虫，平常会成群密集在寄主食草植物上啃食叶片。由于食量惊人，经常会把一棵植物的叶片啃食精光，然后再移到附近另一棵植物上觅食。

2. 看警戒色

采集过芫菁的人，第一印象是这类甲虫的外壳薄软，没有其他甲虫般坚硬的躯体。不仅如此，外观鲜艳醒目的芫菁也不少，难道它们不会因天敌侵犯而族群渐微吗?

一点也不，因为芫菁的体内含有剧毒的芫菁素，少有肉食性动物敢随便将它们啃食下肚，所以鲜艳的外表正是一种警戒色。最有趣的是，早在2000年前，中国人便已利用芫菁体内的毒素来制作中药材，草药店中的“斑蝥”便是芫菁的干燥虫体，据说能当利尿剂或春药。

● 大红芫菁具有鲜艳醒目的警戒色

3. 看求偶、交配行为

上述两种最常见的豆芫菁有着非常奇特的求偶交配行为。当雄芫菁在植物丛间觅食的时候，一旦发现附近有单身的雌虫，经常会停止觅食，立刻骑到雌虫背上去。不过这时候雄虫不会立即强行交尾，而是以修长的触角缠绕在雌虫的触角上来回摩擦示意，假如雌虫对求偶的对象也有好感，它会配合雄虫的触角相互纠缠搓动，这时候更兴奋的雄虫还会左右摆动身体以腹部去摩擦雌伴的背侧，经过一连串求偶“爱抚”之后，雄虫才会弯下腹部尾端和雌虫正式交尾。

部分芫菁雌雄两虫由于交尾时间过久，肚子饿的雄虫还会转身自行就近啃食叶片，形成甲虫中较少见的雌雄头尾相反的交配姿势。

● 交尾过久的雌雄豆芫菁常头尾相反、各自觅食

4. 看幼虫习性

芫菁的幼虫多为寄生性的肉食种类。雌虫将无数的卵产在地底后，有些种类的幼虫孵化后会钻入地底，寻找蝗虫的卵块寄生；有些种类的幼虫则会钻出地面，爬行到花朵上，等待雄蜂前来访花时，赶紧爬到雄蜂身上随它们回巢，寄生在蜂巢中的芫菁幼虫便以雄蜂幼虫和蜂蜜作为成长所需的食物。

● 豆芫菁正以触角相互交缠，求爱示意

观察 拟步行虫

拟步行虫又称为"伪步行虫"，可见它经常被误认为是步行虫；尤其是喜欢甲虫的新手，夜晚在山路路灯下更容易错认。它的幼虫大多生活在朽木之中，想见其庐山真面目，倒不必大费周章到野外去劈剖朽木，因为鸟店所卖的活饵饲料"面包虫"就是拟步行虫的幼虫，非常适合作为饲养观察的对象。

拟步行虫小档案
分类： 属于鞘翅目多食亚目拟步行虫总科拟步行虫科
种数： 全世界约有16000种，中国已知约有2000种
生活史： 卵—幼虫—蛹—成虫

标本：体长1.1cm

要诀1.看外观特征

拟步行虫的外观近似步行虫（见100页），不过实际上它们两者是分属不同亚目的成员，亲缘关系并不密切。一般而言，拟步行虫的身体呈椭圆形或长椭圆形，较步行虫粗短、浑厚，也没有明显的"脖子"与"腰身"，触角较短也较多样化。

要诀2.解读生态行为

1. 看食性与栖息环境

拟步行虫的食性较杂，有些种类会吸食树液、啃食朽木或腐叶，也有不少种类是粮仓谷物的大害虫，严格来说，它们大多算是杂食性的甲虫。

拟步行虫多半为夜行性昆虫，而且多数会趋光，它们和步行虫一样常出现在山区路灯下的草丛中或地面上。

2. 看自卫方法

步行虫会分泌刺鼻的腺液来驱敌，拟步行虫也有同样自卫方法，只不过拟步行虫的分泌物味道不如步行虫的腥臭，而有一股特殊的化学药品味。所以捕捉它们之后，闻闻手上留下的味道，比较一下，可以区分出拟步行虫和步行虫的不同。

此外，从它们爬行的速度也可看出不同：步行虫擅长快速疾行，徒手较难顺利捕捉；拟步行虫的动作较慢，很容易徒手捉到。

3. 看生活史变化

在甲虫的生活史中，幼虫蜕皮变蛹，或蛹蜕皮羽化为成虫的生态变化，是最值得深入观察的。

可惜大部分的甲虫幼虫或蛹，均隐藏在树干、朽木或地底下。一般人较少有机会接触到甲虫幼虫或蛹，唯独在鸟店中被当做饲料活饵的拟步行虫的幼虫“面包虫”，很适合买回家饲养。喂养它们的食物很容易取得，如面包、面粉、谷物、朽木、腐叶等。如此，非常容易全程观察精彩的蜕变过程，有兴趣的人不妨一试。

拟步行虫的幼虫身体呈长圆筒状，在野外树林的枯木中也很常见，它们会到处钻洞啃食树木。当食物短缺时，它们连同伴的尸体、蜕皮，一样照单全收。一些优势种还会危害贮粮。

面包虫是鸟店中很容易买到的拟步行虫幼虫

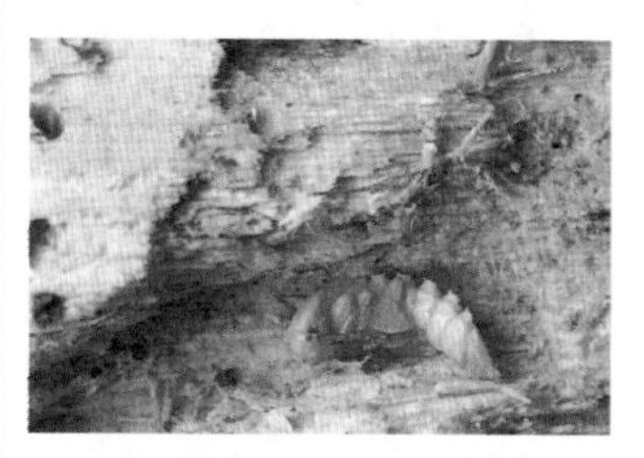

拟步行虫的蛹

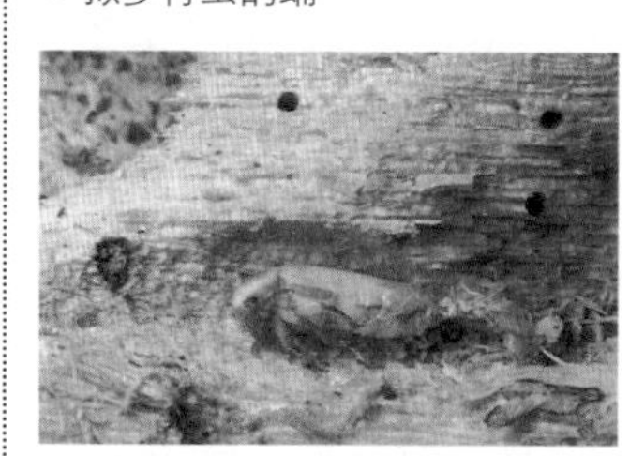

正在蜕皮羽化的拟步行虫

刚羽化的拟步行虫

拟步行虫的外观近似步行虫，但他们的爬行速度较缓慢。图为葫芦拟步形虫

观察 天牛

天牛，是因为头顶上有对细长、神似牛角般的触角，并且经常在空中舒缓地展翅翱翔，因此得名。其英文名称则叫做“长角甲虫”。看来，中文名似乎比英文名更传神，更能表达这类甲虫的外观和姿态。

天牛小档案
分类： 属于鞘翅目多食亚目金花虫总科天牛科
种数： 全世界约有 40000 种，中国已知约有 3550 种
生活史： 卵—幼虫—蛹—成虫

标本：♂ • 体长 2.5cm

天牛具有特殊的肾形复眼

不少天牛的前胸背板两侧有突刺

要诀 1.看外观特征

天牛的种类繁多，因此外观差异相当大。一般常见的天牛身体多半呈细长椭圆形，且有一项很明显的特征，那就是拥有一对超级长的鞭状触角，有些甚至长达体长的 3 倍以上！就像京剧中武角头冠上的长鞭一般，看起来威风八面，气势不凡。

要诀2.解读生态行为

1. 看食性与栖息环境

天牛家族成员全都是属于植食性的种类。雌天牛在交配过后，会依本能找到幼虫适合寄居的特定植物茎干或是枯朽树干，将卵产在树皮下或树干缝隙中。孵化后的幼虫便会钻行在这些活树或枯木中，一面钻挖长“隧道”，一面啃食木头。

当天牛幼虫在羽化钻出植物茎干后，也喜好以植物为食。例如，不少昼行性的天牛常在木本植物花丛间吸食花蜜、啃食花粉，有些天牛还会啃食特定植物的茎叶或树皮。因此有些天牛会严重危害树木，例如松斑天牛的觅食、产卵常造成松树感染、松材线虫而大量病死。

2. 看乔装术

由于天牛家族非常庞大，少数种类为了避免惨遭肉食性天敌攻击，它们会拟态成其他昆虫，有的长得像身怀毒针的虎头蜂或姬蜂；有的像凶猛的锹形虫；有的像坚硬难以消化的硬象鼻虫；体型小的则是拟态成团结凶狠的蚂蚁，以及体内有异味、难以下咽的金花虫。

黄条虎天牛拟态成虎头蜂

3. 看产卵行为

雌天牛会产卵的植物茎干大致可分为两类，一类是活树的茎干，另一类是枯朽的茎干，分别反映出两大类天牛雌虫不同的产卵习性。

在活树上产卵的雌天牛会依本能，循味找到幼虫可寄居的植物，然后以锋利的大颚在树皮上切开一条细缝，接着转身在树皮缝中产下一卵。产下卵再转身，用尾部搓动细缝外的树皮，以当初切开树皮时的碎屑塞满整个细缝，这样天牛就完成产卵大事。

而产卵于枯朽腐木中的雌天牛则习惯在枯木上四处爬行，当它发现有适合产卵的缝隙时，便会伸出尾部的产卵管，直接将卵产于其中,不会有填充碎屑的习惯。

白条尖天牛雌虫在树皮上咬开一段细缝

转身将卵产入缝中，用尾端将产卵点以树皮碎屑填平

树皮上的产卵痕迹

稀有艳丽红星天牛

观察 金花虫

金花虫小档案
分类：属于鞘翅目多食亚目金花虫总科金花虫科
种数：全世界最少有 30000 种，中国已知约有 3500 种
生活史：卵—幼虫—蛹—成虫

金花虫是属于小型的甲虫，外观艳丽、高贵，是天牛的近亲，但常被人们误认为瓢虫。金花虫又名“叶虫”或“叶甲”，顾名思义，它们经常驻足于植物花、叶上。此外，它们还是纯吃素又挑食的大家族。

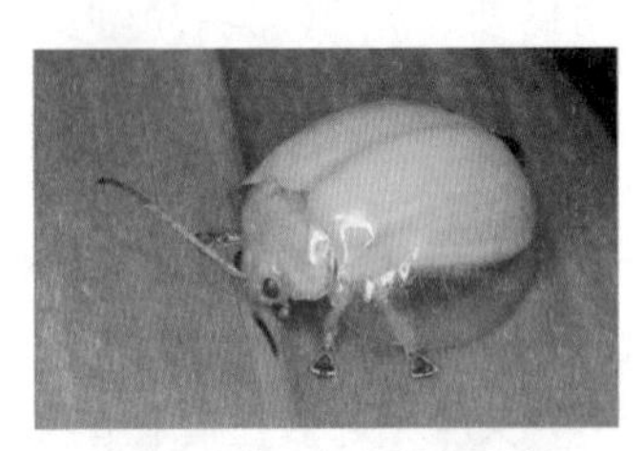

● 黄伪瓢金花虫长得很像瓢虫

● 有些金花虫比瓢虫更美艳动人

要诀 1. 看外观特征

金花虫体色多半艳丽动人，身体一般为椭圆形或长椭圆形，触角为鞭状或短棍棒状，各脚粗壮发达。

有部分金花虫的外观很像瓢虫，但瓢虫的身体比较圆，触角也较不明显；仔细观察，金花虫各脚前段的跗节有 5 小节，瓢虫只有 4 节。而且当受到侵扰时，金花虫不会像瓢虫般伏在叶面上，而看不到 6 只脚。

触角：呈短鞭状或短棍棒状。

口器：咀嚼式口器。

复眼

前胸背板

脚：各脚粗壮发达，跗节有 5 小节。

翅膀：翅鞘多具光泽或美丽的色彩斑纹。

标本：体长 1.3cm

要诀2.解读生态行为

1. 看食性

金花虫在鞘翅目甲虫中算是成员众多的庞大家族，它们有一个共同的习性，那就是全部都是植食性，而且几乎都有各自特别喜好的植物。

因此，走到户外，不管是菜园的白菜、高丽菜、芥蓝菜、甘薯、丝瓜、胡瓜，还是山路旁的草丛和树林的植物等叶片上，到处都有机会见到各式各样的金花虫活跃其中，把叶片、花瓣啃得坑坑洞洞，惨不忍睹。

● 蓝金花虫的幼虫是火炭母草的大食客

2. 看栖息环境

由于食性的关系，金花虫经常栖息在寄主植物丛间。因此，木本、草本或藤（瓜）类植物的叶面上都有可能找到它们的芳踪。

不少金花虫是繁殖力惊人的优势种，它们密集的族群会对某些经济作物或造林树种造成严重的危害，因而成了间接危害人类的害虫。例如，在菜园中，很容易见到微小的黄条叶蚤；黄守瓜和黑守瓜是瓜类植物蔓藤花叶上的常客；赤杨金花虫则经常危害中海拔的赤杨。

● 黄守瓜经常出现在瓜类植物的花上

● 金花虫经常把植物花啃得面目全非

3. 看求偶交配行为

在野外观察金花虫，它们求偶交配的生态行为是一个有趣的观察重点。以中、低海拔山路小径旁常见的“蓝金花虫”为例，它们常成群密集啃食火炭母草，因此火炭母草的叶片上很容易见到成双成对正在交配中的蓝金花虫。

假如金花虫遇到族群中雌少雄多的情形，有些找不到交配对象的雄虫会爬到正在交配的雄虫背上胡搞乱来，而形成3只“叠罗汉”的特殊画面。受到干扰的雄虫往往无法专心交配，常会抬起后脚想尽办法将情敌踢走，被迫暂时中止交配，专心排除背上的障碍。结果，此时雌虫可能便自行离开，到清静处啃食火炭母草的叶片，最后这两只雄虫也会闹得不欢而散。

● 火炭母草叶片上蓝金花虫交配的趣味画面

观察 象鼻虫

看见“象鼻”二字，大概不难想像象鼻虫的模样吧。的确如此，典型的象鼻虫头部前方就有一个酷似大象鼻子的长口吻（口器的一部分），只不过象鼻虫是一类体型不大的甲虫，而且“鼻子”并不会吸水，反倒是它们享用美食时的好工具。

象鼻虫小档案
分类： 属于鞘翅目多食亚目象鼻虫总科
种数： 全世界约有 60000 种，中国已知的有 6000 种
生活史： 卵—幼虫—蛹—成虫

标本：体长 2.5cm（含口吻）

要诀 1. 看外观特征

象鼻虫多呈短圆筒状，最大的特征是：头部前方有一根尖尖长长、如大象鼻子般的“口吻”，这是它用来钻挖树干或果实的好工具。

要诀2.解读生态行为

1. 看食性

常见的象鼻虫几乎是植食性的，它们有的会啃食植物叶片，有的会蛀食植物茎干、根或果实，如俗称的“笋虫”；有的在落叶堆以腐殖质为生；有的则会蛀食仓储粮食，如俗称的“米龟”或“米虫”。因此，有不少种类的象鼻虫成了人类的害虫。

遭到米虫肆虐的大米

2. 看栖息环境

较常见的象鼻虫多半属于象鼻虫、三锥象鼻虫、长角象鼻虫以及卷叶象鼻虫4科。

由于象鼻虫多以植物为食，因此野外树林环境是它们最主要的活动场所、但因食性不同而有所分别，它们有的栖息在树丛、草丛间，有的可以在植物茎干上找到，有的栖息在落叶堆中。

除了卷叶象鼻虫外，前述其余3科的成员大都会夜行趋光，因此在山区路灯下很容易看见趋光后停在植物丛间或地面上的象鼻虫。

斜条大象鼻虫在植物丛间活动

3. 看避敌行为

大部分象鼻虫都能飞行，但是它们却是甲虫中行动较迟缓的一群。象鼻虫平时的爬行速度非常缓慢，一旦稍有风吹草动，它们习惯先停下来静观其变，万一受到侵扰，大多会缩紧身子，以装死的伎俩来应变。

4. 看育幼“摇篮”

卷叶象鼻虫是非常有趣的甲虫，成虫和幼虫都以特定的植物叶片为食，成虫经常会飞到叶片上觅食、交配、产卵，进而进行相当特殊的“育幼工程”。

交配过的雌虫在叶片上产下一粒卵后，会花很长的时间、头脚并用地将叶片卷制成一个精致叶苞，看起来就像摇篮，因此卷叶象鼻虫俗称为“摇篮虫”。孵化后的幼虫就躲藏在叶苞中摄食里层的腐质叶片，直到羽化后才钻出叶苞活动。

各地郊外或山区的水金京和朴树的树丛间，很容易找到常见的卷叶象鼻虫。

雌卷叶象鼻虫咬开叶苞的叶柄，使叶苞掉落地面

切开卷叶象鼻虫的摇篮叶苞，可以看到躲在叶片中央的幼虫或蛹

双翅目的世界

双翅目在昆虫纲中也是一个大家族，全世界的双翅目昆虫超过 85000 种；中国已知有 4000 种。此目成员多属小型昆虫，其中有很多是妨害人类环境卫生的害虫。它们主要的共同特征是：只有一对膜质的翅膀（上翅），其下翅已退化，但皆擅于飞行。本书介绍常见的蝇、虻、蚊 3 类双翅目昆虫。

观察 蝇

“苍蝇”是大家再熟悉不过的昆虫了，事实上，在昆虫的分类上，并没有“苍蝇”这个类别，但我们习惯将活跃于人们周围的肉蝇、果蝇、丽蝇、寄生蝇、果实蝇等一律统称为“苍蝇”。不过，这些不同的“苍蝇”，并不是全都对人类有害，有些种类对人类还有直接或间接的贡献哩。

蝇小档案
分类： 属于双翅目短角亚目环裂下目的所有昆虫
种数： 正确统计种数不详
生活史： 卵—幼虫—蛹—成虫

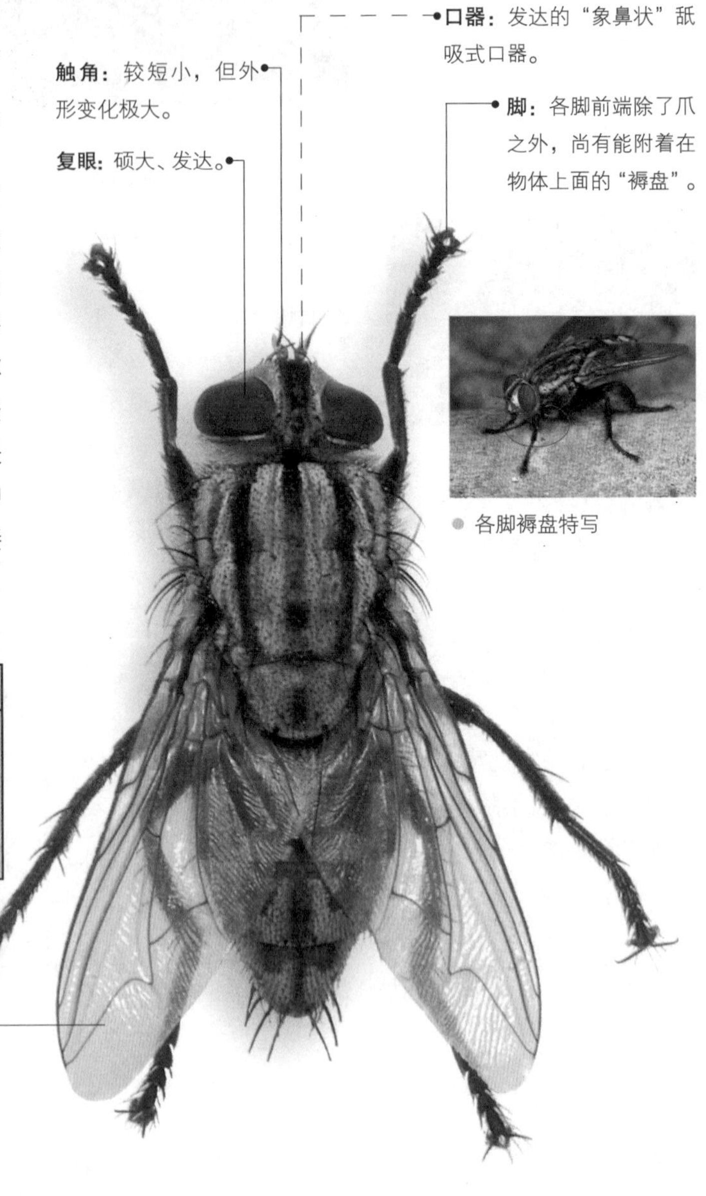

各脚褥盘特写

标本：体长 1cm

要诀 1.看外观特征

蝇的体型比较粗大，复眼非常发达，透明的上翅也较宽大。停栖时，大部分均将上翅斜置于身后两侧，局部覆盖在腹部上。多数蝇身上还有稀疏的长毛刺，各脚前端有发达的“褥盘”构造，可增强在光滑物体表面的附着力。常见的中、大型蝇觅食时，可看到它们伸出发达的“象鼻状”舐吸式口器。

要诀 2.解读生态行为

1. 看食性和觅食方法

蝇为杂食性昆虫，常见的种类则多偏好甜食或腐食，如食蚜蝇与寄生蝇喜欢访花吸蜜；果蝇与果实蝇喜食水果或腐果；丽蝇、家蝇与肉蝇则偏好腐肉与粪便。

粗大且类似象鼻子的舐吸式口器，是大部分蝇用来舐食液体食物的利器。舐食之前，很多蝇会先分泌消化液溶解食物中的养分，再舐食吸收。

2. 看栖息环境

蝇的栖息环境与其食物偏好有密切的关系。

腐果上常见东方果实蝇

腐肉上成群觅食的各种丽蝇

食蚜蝇常在花丛附近盘旋；某些果实蝇（尤其是雌蝇）会在果园出没；垃圾筒边及久置的水果上流连不去的红眼小蝇应该是果蝇；养鸡场或以鸡粪为堆肥的农场、果园附近，会见到庞大的家蝇族群；而嗜食腐肉、粪便的肉蝇与丽蝇则是垃圾堆的常客。由于家蝇、丽蝇、肉蝇等蝇经常在人类的食物与污物之间来往觅食，因此成了传播细菌、流行传染病源的元凶。

琉璃寄生蝇喜好访花吸蜜

3. 看幼虫习性

食蚜蝇的幼虫专门捕食成群危害植物健康的蚜虫或介壳虫，对抑制害虫有非常大的贡献。寄生蝇幼虫会寄生在蝴蝶、蛾幼虫的体内，成熟后再钻出寄主体外化蛹，造成寄主死亡，无形中减低了农作物受害的机会。果实蝇的雌蝇常在果树或其他农作物的果实上产卵，好让幼虫寄居生长，但也使这些果实丧失食用价值，造成经济上严重的损失。

正在捕食蚜虫的食蚜蝇幼虫

害虫变益虫

原本有害人类健康的丽蝇，近年来有不少国家大量养殖，并放生在少有人类居住的大果园内，使它们觅食花蜜，大大提高果树的受粉率，丽蝇摇身一变成为益虫。

大头丽蝇

观察 蚊

一提到蚊子，许多人马上想到的是：夜里扰人清梦的嗡嗡声响、被叮咬后的痛痒滋味，以及令人闻之色变的“登革热”！凡此种种，都让人忍不住手心发痒，恨不得一掌“啪”而后快！其实，在人们生活周围，有不少被称为“蚊”的小昆虫，是不会咬人的，下次在举臂挥掌之际，最好先观察确认，以免误伤无辜！

蚊小档案	
分类：	属于双翅目长角亚目的蚊科、大蚊科、摇蚊科
种数：	正确统计种数不详
生活史：	卵—幼虫—蛹—成虫

要诀 1. 看外观特征

被泛称为“蚊”的昆虫，身体大都很细长，且除了大蚊之外，一般体型都很小。一对透明的膜质翅膀，加上纤细的各脚，是蚊的主要特征。与其他双翅目昆虫比较下，蚊类的复眼虽然也占了头部大部分面积，但实际上仍比蝇或虻小很多。

触角：大蚊科成员的触角为细小的丝状；蚊科、摇蚊科成员则有发达的镶毛状触角。

口器：大蚊科、摇蚊科成员的口器较不发达；蚊科成员则拥有如利针般的刺吸式口器。

脚：各脚纤细；大蚊科成员的脚特别细长。

平衡棍：由下翅退化而成。

翅膀：只剩一对膜质上翅，翅脉纹理十分单纯，是分科鉴定的重要依据。

● 一般被称为“蚊子”的蚊科昆虫，停栖时翅膀会覆盖腹部。图为热带家蚊

标本：体长 1.7cm（大蚊科）

要诀2.解读生态行为

1. 看食性

被称为“蚊”的昆虫中，会叮人、吸血的主要是蚊科的成员，而且是雌蚊的专利，它们专门吸食动物的体液。雄蚊则因口器较不发达，通常只吸清水或果液。

体型微小的蚋科、蠓科也常被叫做“蚊子”，如野外常成群出现的“小黑蚊”，叮得人全身红肿、出现小斑点。体型较大的大蚊科及体腹绿色的摇蚊科昆虫，因口器退化，不进食也不会叮人。

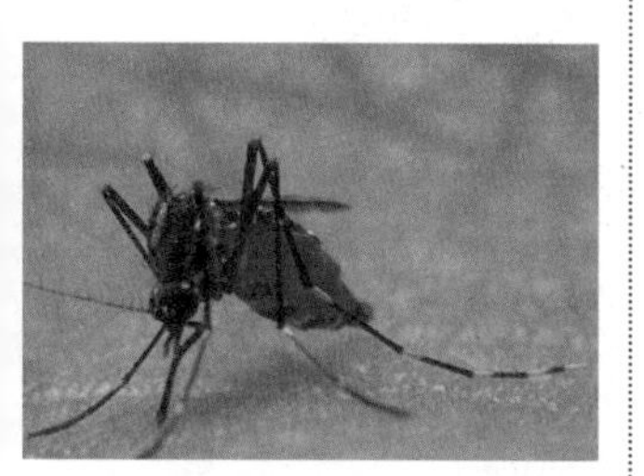

● 白线斑蚊只有雌蚊会吸血

● 热带家蚊的雄蚊大多吸食清水或果汁

2. 看活动时间与栖息环境

传染“登革热”的白线斑蚊和埃及斑蚊属于蚊科，白昼较活跃，尤其是白线斑蚊，行踪几乎遍布低海拔山区，埃及斑蚊则活跃于平地与低海拔山区。夜晚家中最常出现的热带家蚊栖息在臭水沟、污水池，雌蚊还懂得利用人们开门窗时闯入，有时也从排水沟进出。

● 大蚊经常在树林草丛间活动

● 摇蚊酷似蚊子但不会叮人吸血

大蚊科成员常在山区树林草丛间活动；摇蚊科成员则最常在黄昏时分，在乡村农田附近的空中成群飞舞。

3. 看幼虫与蛹习性

蚊的幼虫栖息在不同水域，蚊科的热带家蚊幼虫栖息在水沟或污水池，斑蚊幼虫生活在阴暗的积水中；摇蚊科幼虫多出现在水田或积水池；大蚊科的幼虫则常在潮湿腐木或积水树洞生活。为了呼吸空气，蚊科幼虫的腹部末端有呼吸管，只要每隔一段时间浮至水面，便可倒着身体以呼吸管呼吸。

昆虫的蛹大多无法移动，蚊科的“自由蛹”不但可在水中自由游动，尾端也有呼吸管可呼吸。

● 白线斑纹的幼虫

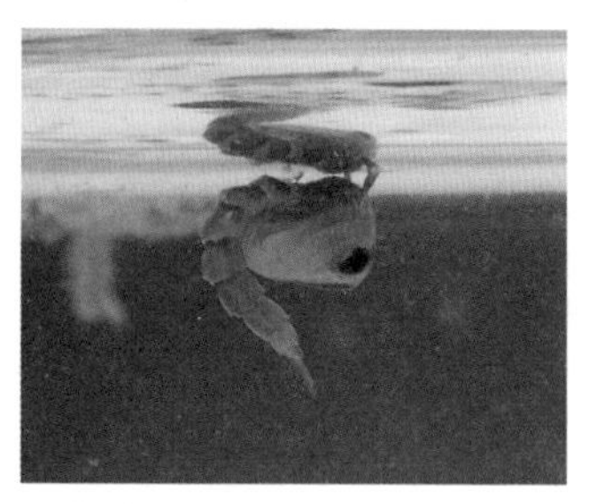

● 蚊科的自由蛹

观察 虻

相较于蚊和蝇，同属双翅目的虻则是一般人较不熟悉的昆虫。不过大家可能曾听过“牛虻”，它们的外形酷似大苍蝇，其口器连厚韧的牛皮都能轻松刺穿，进而吸血。因此，在野外活动时，一旦被它们看上了，即使隔着层层外衣或牛仔裤，照样会叮得人哇哇大叫，如此惨痛的经验相信必定会让你牢牢记住它们的尊容。

虻小档案
分类：属于双翅目短角亚目直裂下目的虻总科、食虫虻总科、长足虻总科
种数：正确统计种数不详
生活史：卵—幼虫—蛹—成虫

标本：体长 2cm（食虫虻总科）

要诀 1.看外观特征

虻主要共同特征是一对大复眼，此外，分科各具特色：虻总科的外形酷似蝇，但体型比苍蝇大，且复眼多数具彩色光泽；食虫虻总科则身体（尤其腹部）特别修长，各脚发达且长满棘刺，口器也十分发达；长足虻总科的最大特征，是3对细长的脚，它有个别名叫“长脚蝇”。

要诀2.解读生态行为

1. 看食性

虻的食性因种类不同而有相当大的差异，以下以较常见的虻、食虫虻与长足虻3个总科的昆虫分别来说明。

酷似蝇类的虻总科昆虫具有发达的刺吸式口器，能轻易切开、刺入哺乳动物表皮，吸食渗流出来的血液，因此遇到虻的攻击之后，伤口上还会渗血。

身体粗壮的食虫虻总科昆虫则以猎杀其他昆虫，吸食它们的体液为生。

食虫虻正在捕食蜜蜂

长足虻总科成员则喜欢吸食树液，且特别钟情柑橘树，有机会到柑橘园时，别忘了去会会它们。

2. 看栖息环境

虻总科昆虫通常在野

植物丛间的鬼食虫虻

正在叶背上进行终身大事的长足虻

外有动物或人类群集的地方出没；食虫虻总科成员喜欢栖息于树林或草丛环境中；在树干或有腐果处可能发现长足虻的踪影，它们也喜欢在向阳的叶背上晒太阳、活动。

3. 看猎食功夫

食虫虻是体型较大的双翅目昆虫，胸部粗壮，腹部细长，各脚长而发达，且满布棘刺。这样的身体结构使得它们擅长快速飞行，并拥有绝佳的视力以及高超的空中捕虫技巧，一旦拦截到猎物，脚上的棘刺可防止猎物脱逃，最后再以粗大的刺吸式口器刺入猎物体内，慢慢享用体液大餐。食虫虻拥有这身了得的捕虫工夫，连拥有螫针的蜂、擅长捕虫的蜻蜓，甚至体型比它们大一号的蝉，都难逃被猎杀的厄运。

食虫虻捕获了猎物，正在享用体液大餐

鳞翅目的世界

鳞翅目是昆虫纲的第二大家族，包括大家熟悉的“蝴蝶”与“蛾”。目前全世界鳞翅目昆虫约有 200000 种，中国已知约有 8000 种，其中只有十分之一左右是蝴蝶。此目昆虫外观的共同特征是：具有两对布满鳞片、又薄又大的翅膀。本书介绍较常见的七大类蝴蝶与五大类蛾。

观察 凤蝶

喜爱蝴蝶是多数人接触昆虫的最主要起因，而硕大美艳的“蝶中之王”——凤蝶，更是许多赏蝶人的最爱。若想观察蝴蝶生活史的变化，凤蝶类幼虫也是最合适的对象。只要栽种柑橘盆栽，即使在高楼林立的都市，都很容易吸引雌凤蝶前来产卵繁殖。

凤蝶小档案

分类： 属于鳞翅目凤蝶科
种数： 全世界约有 600 种，中国已知约有 119 种
生活史： 卵—幼虫—蛹—成虫

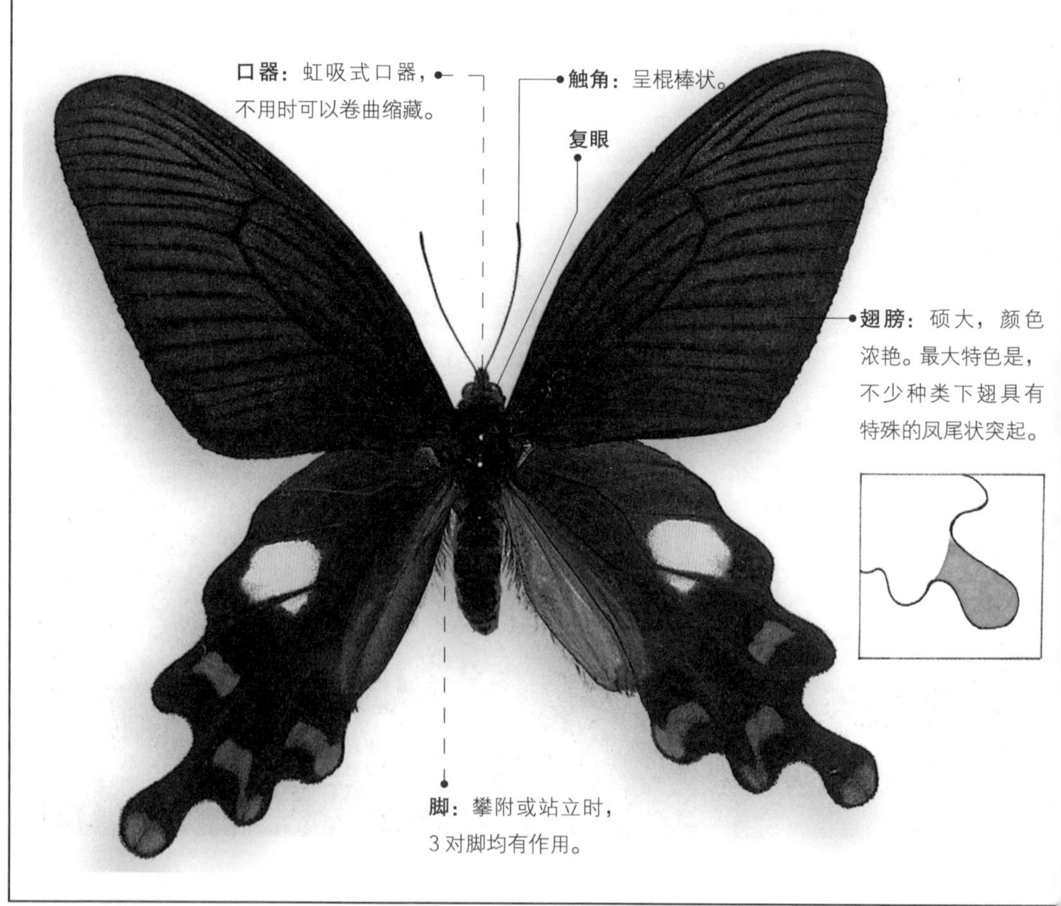

标本：展翅宽 8.5cm

要诀1.看外观特征

凤蝶的体型硕大，展翅宽最长可达13cm左右。外观颜色美丽动人，不少常见的种类其上翅为较单纯的黑色；下翅则缀满对比强烈的彩色斑纹，且末端具凤尾状突起。下翅的彩色斑纹是鉴别种类差异的依据。

要诀2.解读生态行为

1. 看栖息环境与食性

凤蝶喜好在阳光充足的区域活动，主要以各类野花的蜜汁为食物，而雄蝶还经常在溪边湿地、山沟、路旁湿地上吸水。

访花吸蜜的保护类昆虫珠光凤蝶

此外，成虫也经常在幼虫寄主植物——马兜铃科、樟科、芸香科、木兰科植物附近活动，雄蝶是为了找寻伴侣，雌蝶则是为了产卵。

2. 看幼虫习性

凤蝶的幼虫因种类差异有两大形态外观——吃食马兜铃科植物的凤蝶幼虫体色较深，身上有许多肉质突起；吃食其他植物的凤蝶幼虫初龄阶段均拟态鸟粪，而终龄幼虫则体背光滑，体色多为绿色系。

红纹凤蝶的幼虫以丝带托住身体，完成化蛹前的准备工作

不过，所有凤蝶幼虫还有一个共同的特色，那就是它们头部后方内藏着一对平时缩在体内备而不用的“臭角”，一旦遭受敌人攻击，这对臭角会马上从体内翻出抖动，并且散发出一阵来自食草植物的特殊异味，目的是想借此驱退来犯的天敌。

黑凤蝶的幼虫受到侵扰后，伸出臭角自卫

3. 看带蛹形成过程

凤蝶和其他鳞翅目昆虫的生活史一样，属于完全变态，也就是幼虫要变为成虫之前必须经过“蛹”的阶段。

凤蝶的蛹是标准的“带蛹”。成熟的幼虫找到合适的躲藏位置后，会先吐下一团丝黏在固定物上，然后以尾端的抓钩稳定下半身，接着以固定附着物为基部，在胸前重复吐下一圈粗丝带。最后，钻过丝带让它套在身体中央背侧，等它休息一段时间，蜕皮成蛹时，蛹的背侧就有一条丝带托着身体，这就是所谓的“带蛹”。

4. 看越冬休眠习性

冬季经常见不到凤蝶的成虫，这些凤蝶大多数是以“蝶蛹”的形态过冬，直到隔年春天来临后才会陆续羽化变成虫。尤其是黄星凤蝶和斑凤蝶一年只有一个世代，它们的蛹期长达8~9个月。只有少数凤蝶没有明显越冬休眠的习性。

观察 粉蝶

相较于凤蝶的高贵气质，粉蝶则相当淡雅秀气。不论在都市或乡村、海边或高山，四处都可以见到白色纷飞的小蝴蝶，它们正是最常见的粉蝶——纹白蝶类，其幼虫也是小白菜、高丽菜、油菜等菜叶上常见的小青虫。

粉蝶小档案
分类： 属于鳞翅目粉蝶科
种数： 全世界约有 1200 种，中国已知约有 130 种
生活史： 卵—幼虫—蛹—成虫

标本：♂・展翅宽 5cm

要诀 1. 看外观特征

一般来说，粉蝶的体型比凤蝶小，翅膀的颜色十分淡雅，多为粉黄或粉白色，大部分种类的斑纹很少，有的甚至完全没有特殊斑纹。所有粉蝶的下翅都不具有尾状突起，相当容易辨识。

要诀2.解读生态行为

1. 看食性与栖息环境

粉蝶和凤蝶一样，喜欢在向阳的开阔地或林缘活动，也喜欢吸食各类花蜜。雄蝶通常活跃在溪谷环境中，许多种类经常成群聚集在湿地上吸水，美丽的黄蝶翠谷就是最具代表性的景观。

淡黄蝶群聚在溪边吸水的景观

2. 看幼虫习性

粉蝶幼虫的身体多为细长形，而且体色大都是绿色，当它栖息在寄主植物的叶丛间时，具有绝佳的保护色作用。而端红蝶的幼虫在遭受到侵扰时，还会拟态成小蛇的模样，以吓退来犯的天敌。

粉蝶的幼虫具有良好的保护色。图为纹白蝶幼虫

粉蝶幼虫的寄主植物变化颇大，有的吃十字花科、白花菜科或豆科的草本植物，有的则是以大戟科、苏木科、鼠李科的木本植物为食。其中，以纹白蝶的幼虫和人类关系最密切，因为它们是许多蔬菜叶片的大害虫，雌蝶会循味找到幼虫可以吃食的蔬菜叶片，然后产下炮弹形的小卵粒，没有喷洒农药的菜叶，很快就会被它们啃得千疮百孔。

端红蝶幼虫遭受骚扰时的恐吓性伪装外观

3. 看带蛹形成过程

粉蝶的蛹和凤蝶一样属于“带蛹”。羽化在即的蛹壳会逐渐变成半透明，因而裸露出蛹内成蝶上翅表面的色彩。在深夜里，成虫只要推破蛹壳攀爬出来，经过一段时间翅膀完全伸展，就正式变成一只可以到处纷飞的成蝶。

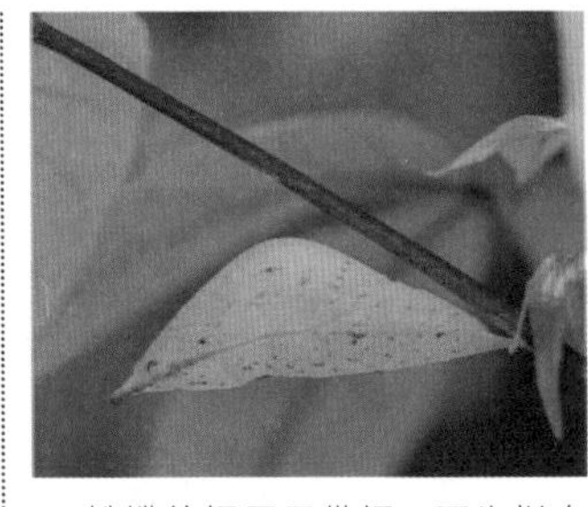

粉蝶的蛹属于带蛹。图为拟态成树叶的端红蝶蛹

重新验证迷蝶身份

在旧有的粉蝶调查记录中，粉蝶、黄裙粉蝶和大黄裙粉蝶均曾经被认为是来自菲律宾地区的迷蝶。

不过，根据近年来专家们全面的调查，“粉蝶”在国内有稳定的族群，以及栖息观察结果；“黄裙粉蝶”虽为较稀少的美丽种，但是国内依然有其幼虫与寄主植物；“大黄裙粉蝶”原先可能是有些地区的偶发性迷蝶，但是近年来在南部地区已经适应生存而稳定繁殖，连人口稠密的地区也可以发现它们的踪影。

原是迷蝶的大黄裙粉蝶

观察 斑蝶

中国常见的斑蝶虽只有区区 25 种，但它们却是野外花丛间非常易见的舞姬仙子；在许多供人参观的蝴蝶园中，斑蝶更是少不了的娇客。由于斑蝶体内多半含有毒素，敢吃它们的天敌较少，因此天生行动迟缓悠哉，而且不太怕人，可说是最适合靠近观赏的蝴蝶。

斑蝶小档案
分类： 属于鳞翅目蛱蝶科斑蝶亚科
种数： 全世界约有 450 种，中国已知约有 25 种
生活史： 卵—幼虫—蛹—成虫

脚： 前脚退化，缩在胸前，停栖时只见中、后两对脚。

● 斑蝶一般只使用两对脚来攀附或停栖觅食。图为黑脉白斑蝶

要诀 1. 看外观特征

所有蛱蝶科成员（包括斑蝶、蛇目蝶、蛱蝶等）野外辨识的主要秘诀是：它的成虫停栖、攀附或觅食时，只使用后面两对脚（即中、后脚），其前脚已退化缩在胸前。此外，斑蝶的下翅一般皆呈圆弧状，没有特别的边角，是它另一个外观特征。至于比较科学的鉴定关键则是：斑蝶的翅膀结构中，下翅翅脉的“中室”完全封闭，可与其他蛱蝶科成员明显区分。

标本：展翅宽 7.3cm

要诀2.解读生态行为

1. 看食性与栖息环境

大部分的斑蝶平时喜好在日照充足的向阳地区活动，在野生植物花丛间穿梭、访花吸蜜，也经常出现在山区公园的盆栽或景观花卉的蜜源植物上，部分雄蝶也会在湿地上吸水。

中国斑蝶主要分布于海南、广东、广西、福建、云南、湖南、西藏及台湾各省，例如台湾有两三处地方可见到非常壮观的斑蝶族群，有去台湾的游客有机会一饱眼福。第一，是在5~6月晴朗天气下，台湾北部许多山区林道旁的草本野花（如泽兰）上会有青斑蝶与小青斑蝶群聚觅食；第二，是在屏东、高雄的低海拔山区、小干溪床树林中，会有无数来自各地的紫斑蝶集体过冬；第三，台东南部低山区也有类似的斑蝶越冬情形，但以青斑蝶类偏多。

成群的紫斑蝶群聚在山谷中集体过冬

我国台湾北部大屯山区一带，5~6月可见小青斑蝶在山路边访花

2. 看自卫天赋

斑蝶的体内都含有剧毒或腥臭令其他昆虫难以下咽的体液，因此少有肉食性小动物会捕食它们。也因为这样的“天赋”，斑蝶有恃无恐，自然养成了动作迟缓的习惯。

3. 看幼虫习性

斑蝶体内的毒性与异味其实是来自幼虫的食物。斑蝶幼虫寄居吃食的几乎全是萝藦科、夹竹桃科或桑科榕属的植物，这些多汁、有毒或有异味的植物成分聚积在幼虫体内，使得多数天敌有所忌讳，不敢捕食。

因此，斑蝶幼虫并不需刻意以保护色隐藏行踪，反而带有鲜艳的警戒色和夸张的细长肉质突起。不过，这些有毒的斑蝶幼虫体表并无会让人皮肤红肿发炎的毛刺，用手触摸、捕捉不会有危险。

黑脉桦斑蝶的幼虫具有鲜艳外观

4. 看吊蛹形成过程

斑蝶幼虫在化蛹时找到固定附着物，接着吐下丝团，以尾足的抓钩固定在丝团后，便不再吐丝托着身体，最后会倒吊在丝座下方蜕皮化蛹，因而此类型的蛹一般称为“吊蛹”或“垂蛹”。

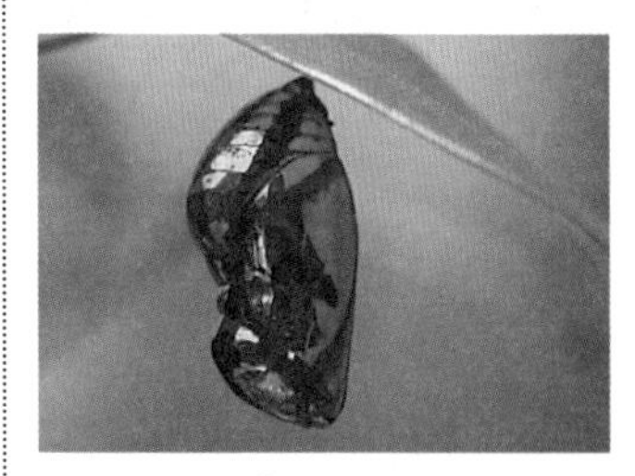

圆翅紫斑蝶的“吊蛹”

观察 蛇目蝶

蛇目蝶小档案
分类：属于鳞翅目蛱蝶科蛇目蝶业科
种数：全世界约有 2500 种，中国已知约有 200 种
生活史：卵—幼虫—蛹—成虫

从“蛇目蝶”的名字便可得知这类蝴蝶的最大特色——拥有蛇目般的斑蚊。不少种类的蛇目蝶外观极为类似，但只要在它们夹紧翅膀时，留意下翅中眼纹的数目、大小及排列的方式，便可逐一辨识出它们的真实身份。

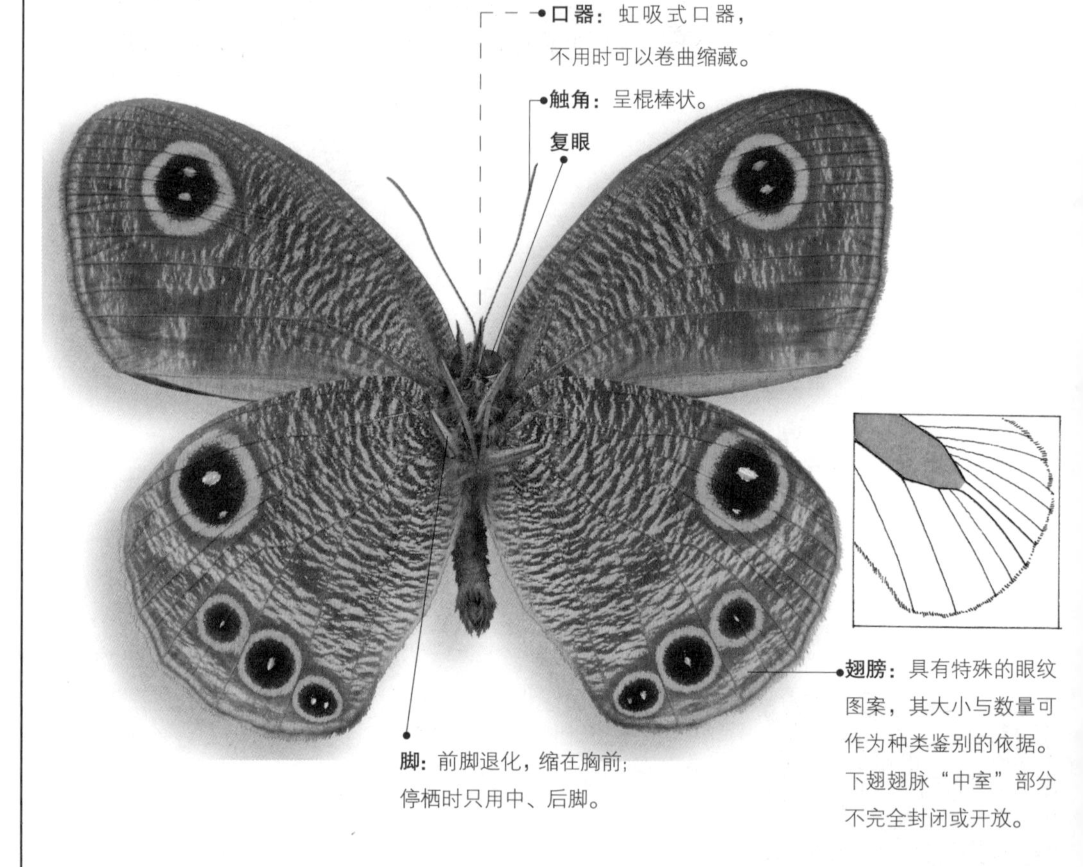

标本（腹面）：展翅宽 4.5cm

要诀 1. 看外观特征

蛇目蝶的体色较不鲜明，多为褐色或黑褐色，但它有一个清楚易辨的特征：翅膀上或多或少具有如同炯炯蛇眼般的大小眼纹，这也是“蛇目蝶”的由来。科学上则是由其下翅翅脉“中室”不完全封闭或开放来辨识。如同其他蛱蝶科成员，它停栖时也只惯用中、后脚，其前脚已退化，缩在胸前。

蛇目蝶停栖时只用中、后脚站立

要诀2.解读生态行为

1. 看食性与栖息环境

蛇目蝶特别喜好树林等较阴凉的环境，但除了觅食树液外，蛇目蝶很少停栖在树木上，一般多在较低的草丛或地面活动。

有些蛇目蝶会访花吸蜜，但更多种类偏好在树林中吸食树液、腐果、动物的粪便，甚至动物的死尸。

蛇目蝶是夏天在高山常见的蛇目蝶

2. 看自卫行为

蛇目蝶的体色大多为褐色系，在树林、地面、落叶堆和杂草间活动时，其天敌（鸟类）不容易一眼就看见它们，因而达到了隐藏行踪的良好效果。即使被鸟类发现而惨遭攻击，蛇目蝶翅膀上的眼纹也能发挥误导攻击目标的作用，因为鸟类会将眼纹误认为头部而猛啄，蛇目蝶虽然损失一小块翅膀，却可趁机逃过一劫。

3. 看幼虫习性

蛇目蝶幼虫共同的特征是：具有或大或小的燕尾状尾突。同一种的幼虫常有绿色与褐色两种不同体色，都具有极佳的保护色效果，可隐藏自己的行踪。

蛇目蝶的幼虫大多以禾本科的各类竹叶或杂草为食，唯一例外的是紫蛇目蝶幼虫，它们以棕榈科植物叶片为食。

蛇目蝶幼虫均有燕尾状尾突。图为小蛇目蝶幼虫

蛇目蝶幼虫生活史中多为4龄或5龄，少数以幼虫越冬的种类（多半生活在中、高海拔地区），则可多达7~9龄，幼虫期长达半年以上。

4. 看吊蛹

蛇目蝶和斑蝶的幼虫一样以倒吊的方式形成“吊蛹”，羽化后直接吊挂在蛹壳下等待翅膀硬化成形。大部分蛇目蝶多以成虫的形态躲藏在树林草丛中度过寒冬，因此春季没有特别明显的羽化高峰。

黑树荫蝶体色为褐色，具有良好的保护色效果

雌褐荫蝶的吊蛹

观察 小灰蝶

小灰蝶小档案	
分类：	属于鳞翅目小灰蝶科
种数：	全世界约有5500种，中国已知约有110种
生活史：	卵—幼虫—蛹—成虫

刚开始接触蝴蝶的人，往往很容易忽略掉体型微小的小灰蝶。事实上，小灰蝶占了蝴蝶种类的很大一部分。在都市的公园、人行道、校园中，都找得到小灰蝶娇小的身影；到山里去，也可能遇见十分美丽珍贵种类的小灰蝶！因此，切不可因其小，而忽略了它们的存在喔！

小灰蝶有造型特殊的复眼

要诀1.看外观特征

小灰蝶是所有蝴蝶中体型最娇小的，外观上有两个很容易辨识的特征：一是大部分小灰蝶的黑色复眼四周有一圈白色的鳞片，看起来像是带着一副白框的太阳眼镜；二是它们的触角多呈黑白相间的对比色。另外，有不少小灰蝶下翅有1~2对细长的尾状突起，且尾突基部还有眼纹的构造。

小灰蝶的名字可能让人以为它的体色一定很灰暗的。其实不然，其种类繁多，外观变化大，许多中、高海拔较稀有种的小灰蝶外表十分艳丽呢！

标本（腹面）：♀・展翅宽3cm

要诀2.解读生态行为

1. 看栖息环境与食性

小灰蝶的种类多，加上幼虫的食草植物各有不同，因此不管是在花丛、草丛、树丛、溪边湿地，还是在农田菜园等环境，都可能发现小灰蝶。整体而言，它们比较喜欢在日照较充足的环境中活动。除了访花吸蜜外，有不少种类的小灰蝶还喜欢群聚吸水。

小灰蝶下翅尾突基部的眼纹，已被天敌啄去一大块

在林道湿地吸水的成群姬波纹小灰蝶

2. 看避敌方法

许多小灰蝶的下翅尾突基部有眼纹，可以让其他肉食性小动物误认为此部位是小灰蝶的头部。因此，即使天敌选定这个假头发动攻击，小灰蝶最多也只会损失局部的下翅，同时可以趁机脱逃。因此，这些喜欢访花的小灰蝶还会经常搓动它们的下翅，让假头部位的欺敌效果更加显著。

苏铁小灰蝶会在铁树嫩芽上徘徊许久，然后产下卵粒

3. 看产卵

大部分蝴蝶习惯分散产卵，一次只在一处地点产下一粒卵，往往在幼虫食草植物上停留不到一秒钟便匆匆离去，因此不容易看清楚中、大型蝴蝶产卵的过程。

由于小灰蝶体型小，雌蝶经常直接停在幼虫的食草植物上，如豆科植物和野姜花的花苞，并步行找寻产卵的缝隙或植物芽点，因此特别适合靠近观察。

4. 看幼虫习性

小灰蝶幼虫外观看上去多为较扁平的椭圆形，部分较特殊的种类身上会分泌蜜露，吸引蚂蚁前来觅食，蚂蚁则会保护它们免受其他小型天敌的侵害。

紫小灰蝶的幼虫常和蚂蚁共生

观察 蛱蝶

蛱蝶小档案
分类： 属于鳞翅目蛱蝶科蛱蝶亚科、小紫蛱蝶亚科、黄领蛱蝶亚科、细蝶亚科
种数： 全世界约有 5000 种，中国已知约有 180 种
生活史： 卵—幼虫—蛹—成虫

在以往的分类系统中，蛱蝶科的蝴蝶较少，因此通称为蛱蝶；但是目前此科依新的分类法已纳入斑蝶（参见 138 页）、蛇目蝶（参见 140 页）和环纹蝶，范围增大不少。不过本书所指蛱蝶则仍是依旧有的分类界定，其共同特色是飞行速度较快，并擅长振翅后在空中滑行。蛱蝶的种类不少，异种间的生态习性有相当大的差异，值得仔细接触观察。

要诀 1.看外观特征

蛱蝶在外观、体型上的变化很大，并不容易归纳出明确的共同特征，唯一一点是，它们的翅膀边缘（尤其是下翅）通常会有棱角或呈波浪形。科学鉴定上则是看翅脉结构，其下翅翅脉“中室”为不完全封闭或开放。和其他蛱蝶科的蝴蝶（如斑蝶、蛇目蝶）一样，蛱蝶的前脚已退化，野外停栖时，只使用后面两对脚。

标本：♂・展翅宽 5.3cm

要诀2.解读生态行为

1. 看栖息环境与食性

由于其种类的差异度高，因此各种不同蛱蝶的栖息环境和活动地点，往往有很大的不同。例如，幼虫吃食草本植物的种类较多，它们经常会停栖在地面或短草丛上，以及树林边。整体而言，蛱蝶喜好在比较向阳的环境中活动，有别于蛇目蝶喜欢阴凉的环境。

不同的蛱蝶也都有各自特别喜爱吸食的食物，从花蜜、清水、树液、腐果，到动物粪便、尿液、死尸，污水等都有。

● 黄领蛱蝶是低、中海拔山区最爱吸食粪便与死尸的蝴蝶

2. 看幼虫习性

蛱蝶幼虫的体色与模样因种类不同而有极大的差别，若要挑出一个共同的特色，那就是蛱蝶幼虫身上或头上都长有长短、多寡、形状不一的硬棘、觭角或细刺。虽然模样看起来颇为吓人，但是这些

● 许多蛱蝶的幼虫长满吓人的硬刺，让天敌不敢下手

幼虫身上的棘刺都不会造成皮肤过敏或发炎红肿，大家可以放心地用手去触摸。

不同的蛱蝶幼虫所吃食的寄主植物也有差异，大戟科、榆科、桑科、豆科、荨麻科、爵床科、茜草科、忍冬科、堇菜科、玄参科、旋花科等，各类乔木、灌木、蔓藤或草本植物都成了不同幼虫的美食。

3. 看吊蛹

蛱蝶的蛹和斑蝶、蛇目蝶一样属于“吊蛹”。

● 蛱蝶的蛹多半具有良好的保护色。图为姬黄三线蝶的蛹

由于它们体内多半不具毒性，所以蛱蝶的蛹外观上有较明显的保护色，褐色或绿色是最常见的两个色系，有些种类还会拟态成枯叶或绿叶的模样，避免被肉食性天敌发现而遭受伤害。

4. 看越冬形态

蛱蝶的越冬形态变化颇大。低海拔常见的蛱蝶很多是以蛹的形态过冬，有的则是成虫会自行躲在避风的场所过冬，天暖的时候还会出来活动。

有些中海拔地区一年一代的蝶种，其幼虫在秋末便会直接缩藏在避雨的叶片背面，甚至爬到地面，在落叶堆中过冬，隔年春天才继续回到嫩叶上摄食成长，完成世代交替。

● 在寄主叶背静静越冬的豹纹蝶幼虫

观察 弄蝶

弄蝶小档案
分类： 属于鳞翅目弄蝶科
种数： 全世界约有 3000 种，中国已知约有 300 种
生活史： 卵—幼虫—蛹—成虫

在蝴蝶当中，弄蝶算是较不讨喜的一种类型，因为它们的体型较小，外观朴素而不起眼，因此不但少获赏蝶人的青睐，一般人甚至视而不见。然而弄蝶拥有相当独特的觅食工夫，幼虫还会制造“叶苞”藏匿，生态行为十分有趣，其实颇值得细细观察。要注意的是，它们飞行的速度很快，得把握它们停栖时的观察良机。

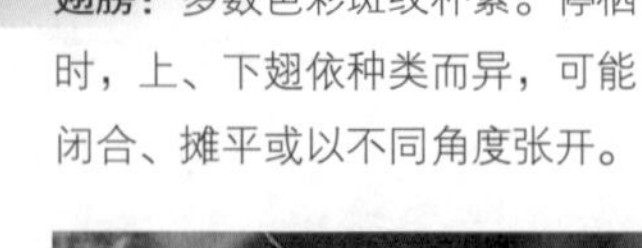

标本：展翅宽 5.2cm

要诀 1. 看外观特征

弄蝶的外观通常较朴素，很容易被误认成蛾类，不过有一个简便的辨认方法，那就是在昼行性的鳞翅目昆虫中，具有棍棒状触角者，只有弄蝶的触角末端膨大处还延伸出一小段较尖细且向外弯曲的部分。

白弄蝶停栖时习惯将翅膀摊平

要诀2.解读生态行为

1. 看食性与栖息环境

不同的弄蝶栖息于不同的植物群落间，整体而言，它们比较偏好在向阳的开阔环境中活动，喜欢访花、吸水，很多种类还特别偏好吸食鸟粪。因此，弄蝶最常出现在野外、田园或公园的花卉上；溪边湿地或石块的鸟粪上，也常可发现它们的踪迹。

2. 看独特的觅食工夫

所有的蝴蝶之中，只有弄蝶特别偏好吸食鸟类粪便。由于野外溪石或路面上的鸟粪很快便会被太阳晒干，因此许多弄蝶找到干鸟粪之后，会先排放自己的粪液，将鸟粪浸湿溶解，然后再吸食。

狭翅弄蝶正忙着采花吸蜜

3. 看幼虫习性

弄蝶的幼虫呈较平滑的长筒状，体色多为朴素的淡绿色系，头部的外观与斑纹是近似种间的辨识特征。

弄蝶的幼虫多以单子叶植物叶片为食，例如各类野草和竹叶。最特殊的一点是，弄蝶幼虫都会吐丝制造躲藏栖身的“叶苞”。然而，在野外见到的鳞翅目幼虫叶苞，并不全都是成蝶卷制的，有一个简单的区分方法是，大部分的弄蝶幼虫并不吃叶苞中的叶片，也不会将粪便排放在叶苞之中。

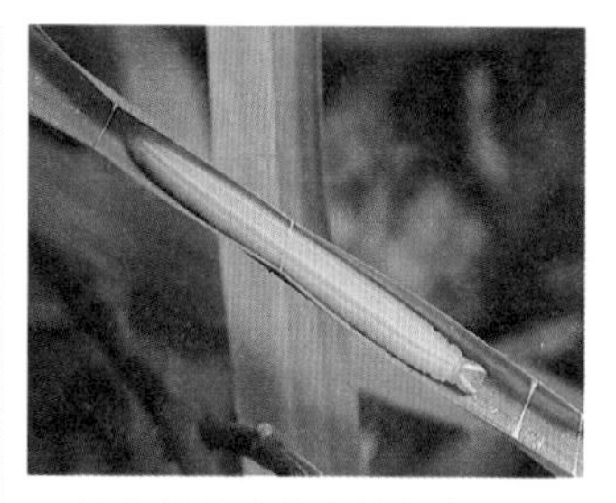

躲在简易叶苞中的台湾单带弄蝶幼虫

4. 看带蛹

成熟的弄蝶幼虫会在叶苞中蜕皮化蛹，蛹属于“带蛹”，直到羽化后成虫才钻出叶苞活动。因此若在野外发现弄蝶幼虫的叶苞，不但可以找到幼虫，也有可能找到蛹，所以弄蝶可说是比较容易发现蝶蛹的一类蝴蝶。

对大白纹弄蝶而言，鸟粪是再可口不过的美食

叶苞中的玉带弄蝶蝶蛹

观察 尺蛾

尺蛾小档案
分类： 属于鳞翅目尺蛾总科尺蛾科
种数： 全世界约有 12000 种，中国已知约有 1000 种
生活史： 卵—幼虫—蛹—成虫

谈到尺蛾，大家恐怕相当陌生——虽然它是鳞翅目中的大家族，中国约有 1000 种。不过，你可能在卡通影片中见过以它们的幼虫“尺蠖”为蓝本所创造出来的卡通人物，即鼓起身子、一步一趋向前爬行的毛毛虫。尺蠖行走的模样像是在丈量尺寸，尺蛾也是因幼虫的特性而得名。

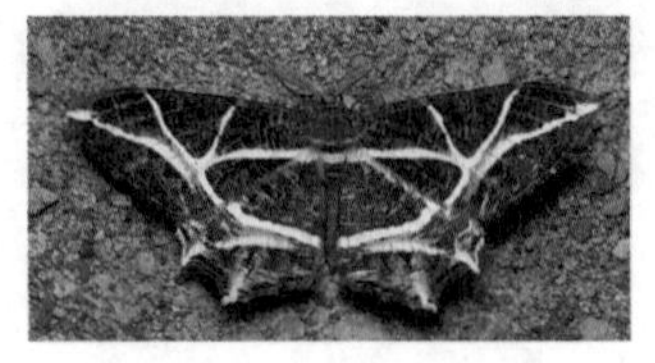
● 尺蛾停栖时，会将翅膀往身体两侧摊平，上翅覆盖局部的下翅。图为树形尺蛾

要诀 1. 看外观特征

由于种类繁多，尺蛾的外观差异很大。但整体而言，多数尺蛾的翅膀颜色朴素，斑纹杂乱，以具有褐色系保护色的居多。此外，尺蛾的身体较细长，翅膀薄而宽大、略呈扁平状，停栖时，几乎都习惯将翅膀往身体两侧摊平，而且大部分的尺蛾上翅都只覆盖局部的下翅。

标本：展翅宽 5cm

要诀2.解读生态行为

1. 看食性

尺蛾的口器较发达，花蜜、树液、腐果或露水，都有不同的尺蛾喜欢吸食。

尺蛾大多在夜间活动，夜晚在树干渗流汁液处或植物花丛间，有机会发现正在觅食的尺蛾。夜行的尺蛾都有趋光的习性，因此山区路灯下常见尺蛾伸长口器在草丛叶面啜饮露水。地面上若有路人丢弃的腐果、果皮，也会吸引它们前来觅食。在路灯下进行夜间昆虫观察或采集时，偶尔也会发现一两只尺蛾停在身上，吸食皮肤上的汗液。

部分尺蛾喜好吸食露水。图为附垂耳尺蛾

2. 看栖息环境与保护色

大部分尺蛾是夜行性昆虫，白天在树林停栖。由于尺蛾体内不含毒素，因此绝大多数均以不起眼的保护色来隐藏行踪——绿色体表的习惯躲藏在枝丛叶背，而褐色体表的，不论停栖在树干上或落叶堆间，都有极佳的保护色效果。某些种类的尺蛾也会趋光停栖在斑驳的水泥墙或水泥地面上，但人们经常视而不见，一不留神，便有可能踩死它们，这恐怕是保护色的负面效应了。

连珠镰翅绿尺蛾具绿色保护色

枯叶尺蛾停在落叶堆，不易被发现

3. 看幼虫习性

尺蛾的幼虫即为俗称的“尺蠖”，其外观非常特殊且容易辨认。一般蝴蝶、蛾的幼虫有5对腹脚，而它们只有2对，分别位于体节的第八、第十节。爬行时，它们会从尾端向前移动，直到弓起腹背后，头、胸再往前移。大部分幼虫有极佳的保护色，遇到危险时会挺起前身拟态成枯枝或绿枝条，等一切平静后，才会恢复原来的活动。

尺蛾的幼虫“尺蠖”，遇到危险时，会拟态成树枝的模样

观察 天蚕蛾

天蚕蛾小档案
分类：属于鳞翅目蚕蛾总科天蚕蛾科
种数：全世界约有 800 种，中国已知约有 40 种
生活史：卵—幼虫—蛹—成虫

如果你听到有人说见过翅膀张开有两个手掌大的庞然巨蛾时，可别以为遇到了吹牛大王，因为他可能真的目睹了世界上体型最大的鳞翅目昆虫——皇蛾，而皇蛾就是天蚕蛾家族中的一员。天蚕蛾的种类不算多，但硕大的体型保证让你一见难忘。

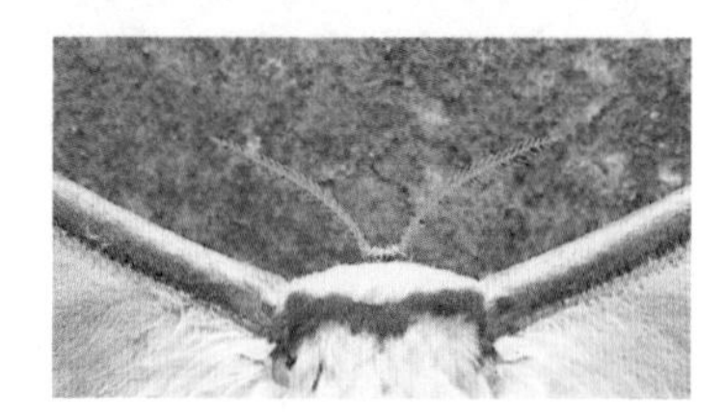

● 雌天蚕蛾的触角为双栉齿状

要诀 1.看外观特征

天蚕蛾的体型硕大，比较小型的种类展翅宽即可达 8~9cm，最大型者可达 25cm，外观相当艳丽。天蚕蛾的上翅翅端微微隆起，外缘则稍稍凹入，形成十分优美的弧度。此外，许多天蚕蛾各翅均有一个明显的眼纹，也是辨识它们的简单要诀。

标本：♂・展翅宽 8.6cm

要诀2.解读生态行为

1. 看活动时间与栖息环境

天蚕蛾是标准的夜行性昆虫，而且大部分过了夜间10点才开始纷纷飞抵路灯下活动。子夜过后，路灯下露重夜冻，其他蛾大多早已静静停栖不动，此时，仍可见到几只天蚕蛾姗姗来迟。天蚕蛾成虫多栖息于树林中，由于口器退化，并不摄食任何食物。趋光飞行和雌虫随处产卵是较常见的生态行为。

黄豹天蚕蛾在午夜时分，静栖在植物丛间

2. 看驱敌妙方

部分天蚕蛾停栖时上翅会遮盖住下翅的眼纹，但是遇到危急时，则会在瞬间伸张开上翅，让下翅的眼纹突然显现。

由于天蚕蛾的体型硕大，因此露出眼纹的部位，酷似大型动物的头部外貌，一般较小型的肉食性小动物很容易受到惊吓而放弃侵犯它们。

双黑目天蚕蛾受侵扰时会以大眼纹来虚张声势

3. 看幼虫习性

天蚕蛾幼虫外貌吓人，多半长满粉状肉突与细毛，但不会对人们皮肤造成严重伤害。天蚕蛾幼虫多以木本植物叶片为食，有一些还会对经济树种或造园植栽造成伤害。在郊外或山区的校园、公园中，茄苳、枫香树上都有机会找到天蚕蛾的幼虫。

4. 看虫茧

成熟的幼虫会在寄主植物枝丛间吐丝结茧，再躲藏其中化蛹。少数还曾被人类大量饲养，再剥茧抽丝作为工业生产原料。还有人利用皇蛾的大型虫茧，加上拉链制成小钱包，在许多风景区的摊贩展售。

四黑目天蚕蛾幼虫有骇人的外表

在郊外的枫香树丛间经常可见到天蚕蛾的茧

观察 天蛾

天蛾小档案	
分类：	属于鳞翅目天蛾总科天蛾科
种数：	全世界约有1100种，中国已知约有150种
生活史：	卵—幼虫—蛹—成虫

看过电影《沉默的羔羊》吗？剧中用来串场的“魔鬼蛾”，其实便是“鬼脸天蛾”；在户外时，听过人们突然惊呼看见花丛间的“蜂鸟”吗？那极可能是一类偏好在晨昏时分访花的“长喙天蛾”；在山区夜晚的路灯下，可曾见过一只只外形酷似“喷射机”的蛾吗？那些也全都是天蛾。观察天蛾其实是激发视觉联想力的有趣体验！

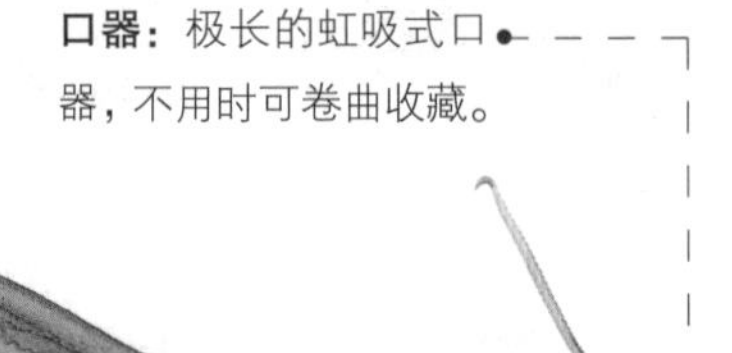

标本：展翅宽8cm

要诀1.看外观特征

天蛾最简易的辨识特征是：它的上翅狭长、向身后伸展，加上粗肥的腹部，停栖时形成清楚的三角形，酷似一架蓄势待发的“喷射机”。此外，它的复眼发达，口器极长，且触角末端较细，向外略呈弯钩状。

● 天蛾停栖时酷似蓄势待发的“喷射机”。图为稀有的银带白肩天蛾

要诀2.解读生态行为

1. 看活动时间与食性

天蛾大部分是夜行性昆虫，但是也有一些会在日间活动，尤其是晨昏时刻，在花丛附近很容易发现它们的踪影。由于天蛾不习惯停栖下来觅食，所以它们会在花丛前振翅作短时间停留，再伸出极长的口器到花朵中去吸蜜。不过，由于它们的行动相当敏捷，单凭肉眼并不容易看清它们觅食时的姿态。此外，有些天蛾则会以相同的方式在树干边吸食树液。

另外有一个较有趣的生态现象是，当天气炎热时，昼行的天蛾会找到水滩湿地，并来回不停地向下飞扑、撞击水面，借着这个动作吸食沾在卷曲口器中的水液来解渴。

2. 看飞行能力

天蛾多半拥有极强的飞行能力，是鳞翅目中最擅长飞行的昆虫，不但速度快，而且迁移力强，从平地到中、高海拔地区均见得到不少优势种类的行踪。至于喜欢在晨昏时刻外出访花吸蜜的长喙天蛾类，更能灵活协调上、下翅的振动，以便在空中定点短暂盘旋，也能控制位置，在空中前后左右快速移动，无须转身或掉头。

3. 看幼虫习性

天蛾的幼虫有一个共同的外观特征，那就是不论体型或体色，它们的体表都较光亮、无毛，而且在尾端背侧长着一根长短不一的尾突。部分种类在胸部背侧还有明显的眼纹。

各种天蛾幼虫的食性差异颇大，有不少种类以农作物作为食物，但由于天蛾幼虫体型通常硕大无比，惊人的食量往往对农作物的叶片造成严重的伤害，例如桃、李、梅、葡萄、芋类植物（天南星科）、甘蔗、甘薯、豆类、枇杷等，都有天蛾的幼虫在啃食它们的叶片。

● 体躯光滑，尾端背侧有尾突，是天蛾幼虫的共同特征

4. 看化蛹羽化过程

天蛾幼虫并不像天蚕蛾幼虫一样擅长吐丝造茧。因此当天蛾的终龄幼虫成熟之后，一旦排光体内的废物，它们便会爬离寄主植物枝叶丛来到地面；然后直接钻入较松软的地表泥土中，挤出一个空间躲藏在其中，静待蜕变；羽化以后，才又钻出地面完成生命传承的大事。

● 访花吸蜜中的兰屿长喙天蛾，图上可看出它拥有极长的口器

● 天蛾幼虫习惯在地表下或缝隙间化蛹

观察 灯蛾

灯蛾小档案	
分类：	属于鳞翅目夜蛾总科灯蛾科苔蛾亚科、灯蛾亚科与鹿子蛾亚科
种数：	全世界约有 13000 种，中国已知约有 1000 种
生活史：	卵—幼虫—蛹—成虫

许多人总以为蛾类是一群其貌不扬、来无影去无踪的暗夜幽灵。如果你的脑海中仍存有这种刻板印象，那就大错特错。因为灯蛾这个家族中有许多成员甚至比蝴蝶还要艳丽动人，而且当它们停栖时，可任人靠近欣赏而不易被惊动，比赏蝶容易多了。

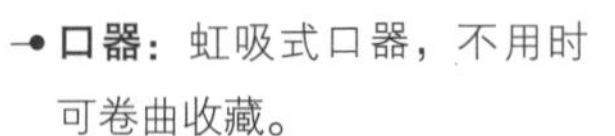

● 雄灯蛾的触角多为栉齿状或细羽毛状

标本：♀ • 展翅宽 8.2cm

要诀 1.看外观特征

统称为“灯蛾”的蛾类，事实上包含了灯蛾亚科、苔蛾亚科与鹿子蛾亚科 3 个小科。苔蛾与灯蛾停栖时，习惯将翅膀向后伸展，上、下翅重叠平铺，盖住腹部，有一些种类的外观非常美丽，是值得辨识欣赏的一类；鹿子蛾的翅膀明显上大下小，停栖时向两侧伸展，外观多拟态成蜂类。灯蛾的体型以中型者居多。

● 鹿子蛾多拟态成蜂类。图为透翅鹿子蛾

要诀2.解读生态行为

1. 看活动时间与栖息环境

灯蛾都活跃于树林一带，但活动时间不一，有的只在白天或夜晚现身，有的则不在乎白昼或夜晚。其艳丽的外观从生态意义看来，是一种不怕被天敌发现行踪的“警戒色”，因为它们一旦遭受侵袭，便会散发一股难闻的腥味驱敌。

鹿子蛾夜间趋光交尾的景象屡见不鲜。图为狭翅鹿子蛾

鹿子蛾几乎都在白天活动，最喜欢在花丛间觅食。不过大部分也有夜行趋光的习性，雄蛾、雌蛾受灯光吸引而群聚一堂，在路灯下配对交尾的景象屡见不鲜，是其他蛾类少见的情形。

苔蛾是典型且标准的夜猫子，夜晚都有趋光群聚的习性，有的会飞抵路灯底下，有的会停在路面，有的栖息在草丛、树丛间，白天则躲藏在树林枝丛间。某些苔蛾外形酷似“瓜子”，特别容易辨识。

乳白斑灯蛾一身艳丽，不怕天敌来袭

苔蛾是标准的夜猫子，这只蓝缘苔蛾正在叶背栖息

2. 看食性

只要是习惯在白昼活动的灯蛾，都和许多蝴蝶一样，会驻足花丛间访花吸蜜；夜行趋光的种类则常在植物叶片上吸食露水，偶尔也会在花丛间访花。

3. 看幼虫习性

灯蛾的幼虫大多全身满布细密的长毛，人类误触之后皮肤多会过敏红肿，但毒性远不及刺蛾、毒蛾和枯叶蛾的幼虫。

幼虫的寄主植物种类繁多，差异较大，其中苔蛾幼虫都以苔藓类植物为食，因而被称为“苔蛾”。

灯蛾的幼虫多半全身布满细长毛

观察 夜蛾

夜蛾小档案
分类： 属于鳞翅目夜蛾总科夜蛾科
种数： 全世界约有 26000 种，中国已知约有 2110 种
生活史： 卵—幼虫—蛹—成虫

夜蛾是鳞翅目昆虫中最大的一科，是户外常见的蛾类，其体型大小差异悬殊，且外观较不起眼。其中种类较少的拟灯蛾类是分布最广、数量最多的一种，夜晚喜欢在路灯下找寻昆虫的人们，常有机会见到数以百计的同一种拟灯蛾趋光聚集的壮观画面。

标本：展翅宽 7cm

要诀 1. 看外观特征

夜蛾的种类多，外观差异大，单就体型而言，展翅宽从 6~150mm 均有，因此不太容易归纳出明显的共同特征。若以较常见的种类来看，大部分色彩朴素、翅膀短窄、腹部较粗胖，停栖时，多数上翅会完全覆盖下翅。

夜蛾停栖时，多数上翅会完全覆盖下翅。图为粉红带散纹夜蛾

要诀2.解读生态行为

1. 看食性与栖息环境

大多数夜蛾飞行速度快，具趋光性。喜吸食的食物因种类不同有很大的差异，除了花蜜、树汁、水果、清水、露水、尿水、粪便之外，甚至还有专门吸食哺乳动物泪液的夜蛾。由于夜蛾成员众多，在户外植物丛生的树林，甚至在公园、校园的树丛间均有机会找到。而且这些种类夜晚大多数有趋光性，因此，路灯下、窗台边也都可以找到。

枯叶夜蛾酷似地面的枯叶子

2. 看拟态术

大部分的夜蛾外观十分朴素，具有隐身作用的保护色，其中一些种类甚至有令人叹为观止的拟态术。别说掠食性动物看了不知道它们是食物，连人们见了也无法察觉那是一只会扬翅起飞的昆虫。

朽木夜蛾拟态成枯枝

枯叶夜蛾和镶落叶夜蛾像极了掉落地面的枯叶子，而朽木夜蛾与伪小眼夜蛾和草丛或树丛间的小枯枝几乎没有两样。

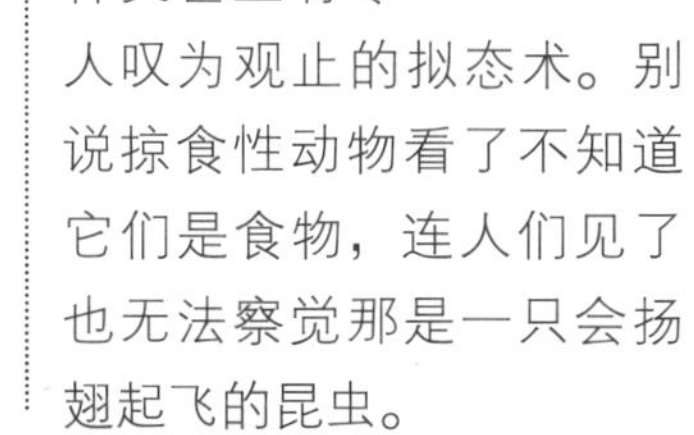

栖息于植物丛间的丹日明夜蛾

3. 看幼虫习性

一般而言，夜蛾的幼虫除了少数具有较稀疏的长毛之外，体表都较光滑。

幼虫的食性因种类不同而有差异，有的摄食单子叶植物、双子叶植物、蕨类、苔藓，有的也会捕食蚜虫或介壳虫，少数夜蛾幼虫甚至会严重伤害蔬菜、果树或林木。

拟灯蛾趋光聚集的壮观景象

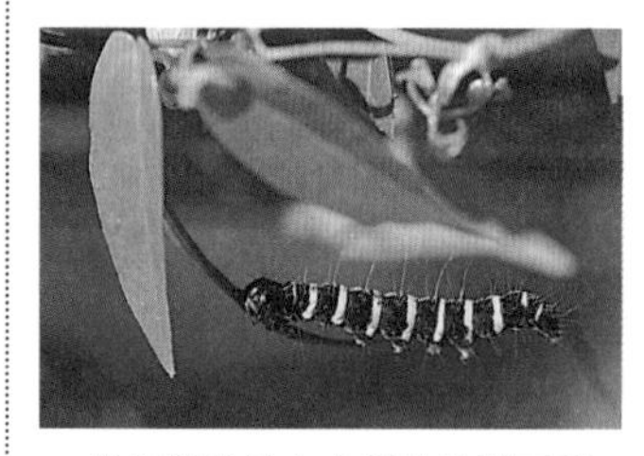

拟灯蛾类幼虫在野外特别显眼

膜翅目的世界

膜翅目在昆虫纲中也是一个大家族，成员除了蚂蚁以外，其余均称为蜂类，多半是中、小型的昆虫。全世界已知超过 120000 种，中国约有 2300 种。此目昆虫外观上的共同特征是：多数具有咀吸式口器，1 对发达的复眼，3 枚单眼，2 对膜质翅膀，多半擅长飞行。膜翅目昆虫的生活史属于完全变态。

观察蚁

蚂蚁是和人类关系密切的居家昆虫，和蚊子、苍蝇、蟑螂不同的是，它们是群居的社会性昆虫，生态行为复杂又有趣。因此，其实观察昆虫生态行为无须远求，下回在家中见到蚂蚁时，先别急着消灭它们，不妨仔细观察，将会有不少收获。

蚁小档案
分类：属于膜翅目细腰亚目胡蜂总科蚁科
种数：全世界约有 8800 种，中国已知约有 600 种
生活史：卵—幼虫—蛹—成虫

标本：体长 1.2cm（工蚁）

繁殖期的蚂蚁具有翅膀

要诀1.看外观特征

蚂蚁的体型非常小，大部分都不超过1cm。蚂蚁虽然属于“膜翅目”的一员，但平时室内与野外常见的个体均以无翅膀（翅膀退化）的工蚁居多。尺寸较小的蚂蚁却拥有纤腰、宽腹、凹凸有致的身材；而大大的头上特殊的屈膝状触角也是其明显的特征。

要诀2.解读生态习性

1. 看食性与栖息环境

蚂蚁拥有发达的咀嚼式口器，是最标准的杂食性昆虫，举凡花蜜、人类食物中的各种甜食及蛋白质食物，甚至其他昆虫的尸块，它们都照单全收。因此居家室内、户外的地面、植物丛、树干、垃圾堆等处，都能见到四处觅食的蚂蚁。

举尾蚁经常在植物枝丛间造巢

2. 看造巢本领

不同种类的蚂蚁筑巢的位置和材料有很大的差别。有些使用朽木碎屑或落叶，在乔木或灌木枝丛间建造纸巢，并利用幼虫吐出的丝线增强内部结构。

另外有不少蚂蚁会找寻野外的枯木、枯竹茎或人类居家的缝隙、孔洞营造蚁窝。

还有部分蚂蚁擅长挖土掘洞，在地底构筑一层层“地下室”，深居其中，人们很难一窥全貌，从地面上只能见到一个个出入孔道，或是成团、成片的塚形土沙堆。

在野外蚂蚁也喜爱成群觅食花蜜

3. 看自卫行为

蚂蚁的雌虫（蚁后、工蚁）尾部多半有由产卵管特化而成的螯针，一旦遭受攻击，便会以螯针自卫，被蜇的疼痛感和遭蜂蜇几乎一样。很多种类的工蚁螯针已退化，需要御敌时便会以发达的口器反击，有些还会分泌蚁酸，使人的皮肤出现红肿发痒或疼痛的过敏反应。

4. 看社会行为

蚂蚁是群居的典型社会性昆虫，会依阶级分工，并共同育幼。除了繁殖期的雄蚁和雌蚁（日后的蚁后）会出巢飞行求偶、交配之外，平时在外抛头露面的全都是没有生殖能力的工蚁。

工蚁会在户外合力猎捕体型比它们大的昆虫、搬运笨重的食物，也会近身用触角互相接触、传递讯息。

假如不小心弄坏了蚁巢，别忘了观察这些负责任的工蚁，即使在逃命之际，仍不忘将巢中的幼虫、蛹或茧搬到安全隐秘的地点，充分显露出社会性昆虫的分工本能。

正在照料蚁茧的棘蚁

观察蜂

蜂小档案
分类： 膜翅目昆虫中，除蚁科成员外，统称“蜂类”
种数： 全世界约有 120000 种，中国已知约有 2500 种
生活史： 卵—幼虫—蛹—成虫

野外山区经常有人因惨遭蜂螫而丧命，所以一般人往往闻蜂色变。其实，蜂的生态行为非常丰富精彩。不论是长脚蜂、虎头蜂、蜜蜂、细腰蜂、寄生蜂、泥壶蜂，还是其他种类的蜂，它们都有各异其趣的生态行为。只要具备一些野外观察的知识，进行野外观察时，不仅能减少被螫的可能，也能从中得到无穷乐趣。

标本：♀ • 体长 3.6cm（本种为虎头蜂）

要诀 1.看外观特征

蜂类的共同特征是：具有两对透明的膜质翅膀，翅脉很单纯，停栖时上、下翅会重叠向身体两侧平展，或局部覆盖腹部。此外，蜂类的复眼发达，触角明显，全身大多满布长毛，大部分种类的雌蜂尾部还内藏螫针，令人望而生畏。

要诀2.解读生态行为

1. 看食性

蜜蜂和熊蜂喜欢在花丛间访花吸蜜，也以蜂蜜提供幼虫成长所需。

细腰蜂擅长狩猎昆虫或蜘蛛等小动物，并拖入砂质地穴或竹孔巢穴内，作为幼虫的食物，成虫则偏好在花丛间访花吸蜜。

泥壶蜂、蛛蜂与土蜂会将卵产在特定的寄主（鳞翅目幼虫、蜘蛛等）身上，孵化的幼虫即以寄主为食。

长脚蜂和虎头蜂擅长猎食其他昆虫，以嚼碎的肉泥喂哺巢中的幼虫，成虫则会吸食花蜜、树木或腐果汁液。

红脚细腰蜂准备将螽斯拖入洞中

2. 看筑巢行为

不少蜂类是社会性昆虫，拥有共同栖身的大窝巢，其位置、形式、材料随种类而异。

野生蜜蜂习惯选择树洞、土洞、中空的电线杆、屋檐内缝隙等处，以工蜂分泌的蜂蜡构筑封闭式巢穴。

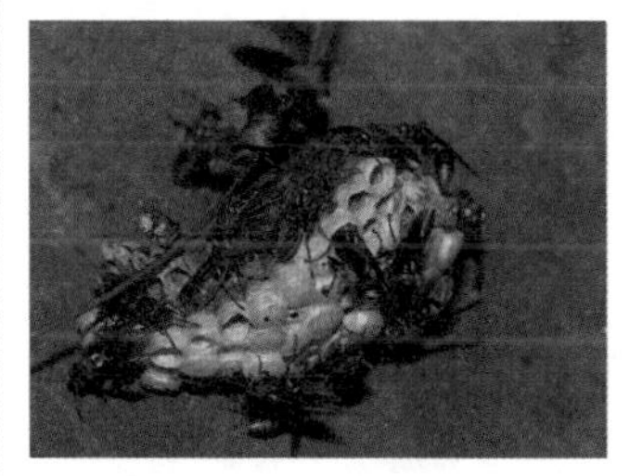

双斑长脚蜂的蜂巢

长脚蜂会在野外啃咬树皮、腐木或落叶，再混合液体，糊成纸质的开放式窝巢，其一般筑在草丛、树丛或岩壁下方，建筑物中也很常见。

虎头蜂巢的材质类似长脚蜂的巢，但因族群庞大，规模大很多，有的窝巢直径甚至可达1m，且为封闭的形式；它们多半在树丛或地底筑巢，建筑物屋檐下也能找到。

红胸花蜂喜欢在花丛间吸蜜

3. 看自卫行为

姬蜂、长脚蜂、虎头蜂、蜜蜂、熊蜂、细腰蜂等昆虫，其雌蜂尾部都具有毒针，这是它们自卫反击的最佳武器，但不同类别的攻击性和危险性各不相同。

以虎头蜂为例，如果有动物误闯蜂巢的势力范围，负责巡逻守卫的前哨蜂会将它视为来犯的敌人进行攻击，并招引更多蜂群加入御敌的行列，因此敌人被蜂群攻击中毒致死的概率很大。

以下3种常见的虎头蜂经常蜇人致死，野外活动时尽可能保持安全距离。

黑腹虎头蜂

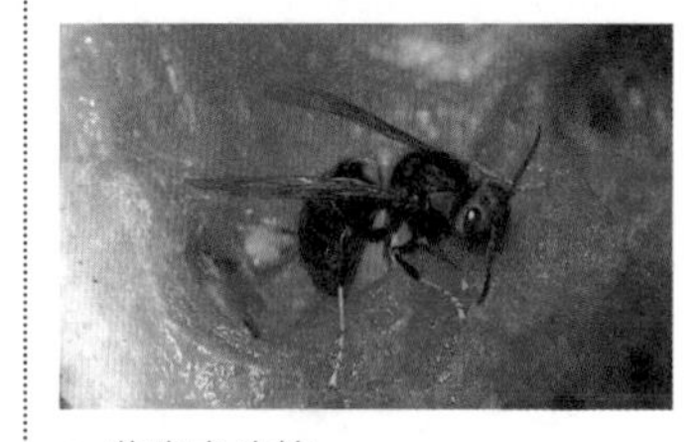

黄脚虎头蜂

大虎头蜂

行动篇

亲近它，更爱它

到野外拜访昆虫，除了静静地在一旁观察之外，还有其他可以更进一步了解昆虫的途径：你可以一面仔细观察，一面做完整的记录；也可以将采集到的昆虫带回家饲养，以便长期观察其生活史与生态行为；当然，你还可以将昆虫制作成标本保存下来，以供日后研究与鉴定。

以下介绍采集昆虫、饲养昆虫、制作昆虫标本、做观察记录的方法，只要善加运用，你会更了解昆虫，更懂得珍爱昆虫。

Q 为什么要采集昆虫？

A 站在学术的立场，采集昆虫是进行昆虫研究最基础的一项工作。相同地，一般人在进行休闲活动或业余研究时，无论是为了细部欣赏、分类鉴定、科普教学、饲养观察等目的，同样必须通过采集昆虫来达成。当然，对于想要制作昆虫标本的昆虫爱好者，采集昆虫就更显重要了。

Q 为什么要饲养昆虫？

A 饲养昆虫有以下几个优点：其一，昆虫的寿命短，不会发生弃养而造成社会负担问题；其二，昆虫不必从国外引进，不慎逃逸，也不会对本土相关物种产生威胁；其三，饲养昆虫的空间小，容易保持居家卫生；其四，昆虫种源的取得可以不花费金钱，从野外直接采集即可。更重要一点，昆虫的生活史短且变态情形丰富，对于生态观察、科学实验、基础生物教学或摄影创作来说，它们均是最佳的题材。

Q 为什么要做昆虫标本？

A 对于一般的昆虫爱好者来说，制作标本可满足收藏兴趣。此外，制作过程中必须长时间仔细面对昆虫，因此，鉴定比对昆虫的功力也会有所精进。更何况，对于自己无法辨认出种类的昆虫，如能留下标本，便可请更专业的分类专家来协助鉴定，或干脆将较难得的标本贡献给分类专家，以从事进一步的学术研究。

Q 为什么要做观察记录？

A 根据估计，全国各地尚未被确认的昆虫可能比已知的种类还多很多。因此，每个经常观察、采集昆虫的昆虫爱好者，均有机会遇到较稀有或未被确定的昆虫。假如进行昆虫生态观察时，能够留下完整的观察记录，不但可以训练自己的观察力与组织力，增进该种昆虫的相关知识，而且也可能对新种昆虫的发现有所贡献。

Q 采集昆虫会不会破坏生态？

A 在媒体误导下，许多人认为，采集昆虫制作标本是破坏生态的行为。然而，大部分的人都吃鱼，为什么少有人自责会破坏生态呢？其间的道理是一样的。只要我们不剥夺鱼类或昆虫的生存空间，吃鱼和采集昆虫并不会造成这些繁殖能力强盛的动物走向灭绝。那么，如今的昆虫为什么会越来越少呢？这是因为人们对土地的利用与破坏与日俱增，许多野生植物群落接连消失，植食性昆虫哪有不变少的道理？于是，肉食性昆虫、两栖爬虫、鸟类也会跟着减少。所以，常吃槟榔、喝高山茶、打高尔夫球及用一次性筷子的人，对昆虫生态的破坏，其实远大于采集昆虫的人。

如何采集昆虫

采集昆虫前要准备好适用的工具，而其中有不少工具皆可自制，或以现成的物品代用。采集时，采集数量尽可能少，保护类昆虫只做观察而不采集，这是保护大自然的原则。

采集昆虫的装备

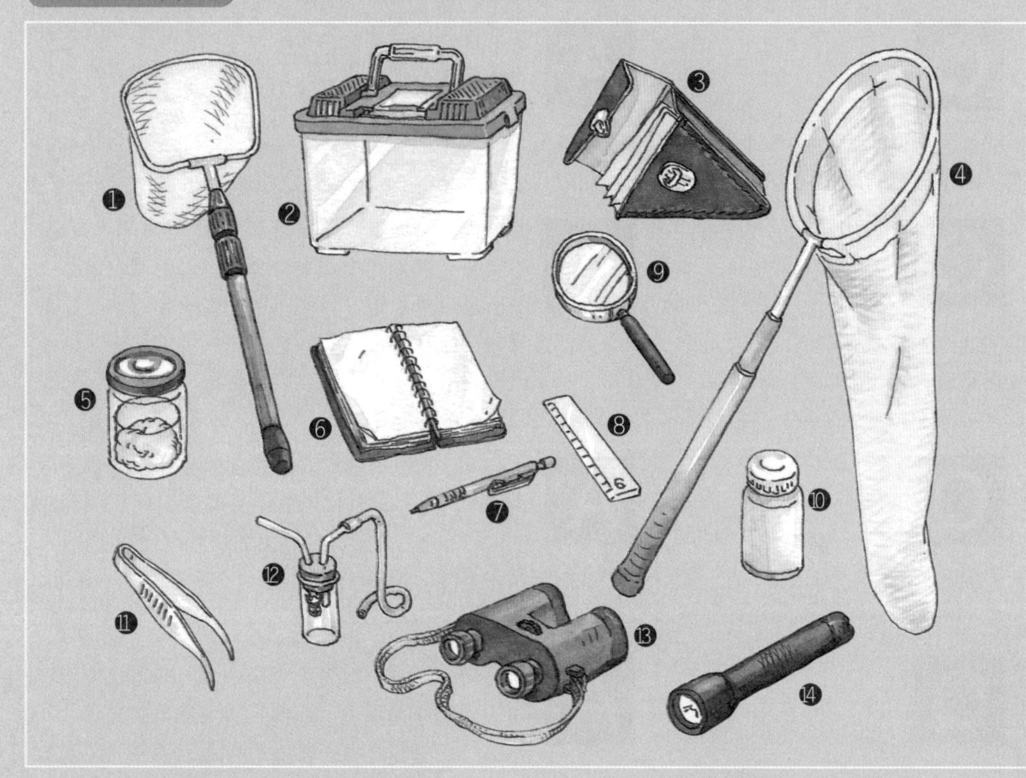

❶**水捞网（捞鱼用网）**：适用于采集各类水栖昆虫。渔具店或水族店中可以买到大小不等的各式捞鱼用渔网。

❷**携带式小饲养箱**：用来携带活动力较强的陆栖昆虫或各类水栖昆虫。

❸**三角箱与三角纸**：用来携带蝴蝶、蛾、蜻蜓、豆娘等昆虫。三角箱与三角纸皆可购买成品或自制。

❹**捕虫网**：适用于采集大部分的陆栖昆虫，可购买成品或自制。

❺**毒瓶**：用来毒死随即要制作成标本的各类昆虫，内置棉花与 95 % 的医药用酒精。

❻**笔记本**

❼**笔**

❽**尺**

❾**放大镜**：用来寻找微小昆虫。

❿**塑料瓶罐**：用来携带活动力较弱的各类陆栖昆虫。

⓫**镊子**：用来夹取不适合徒手捕捉的昆虫。

⓬**吸虫管**：用来吸取体型微小的昆虫。可购买成品或自制。

⓭**望远镜**：用来寻找远处昆虫。

⓮**手电筒**：用来寻找夜行性昆虫。

■如何自制捕虫网?

捕虫网是采集陆栖昆虫不可或缺的工具。其网口要大，杆子最好可以伸缩，如此即使是采集高处、远处的昆虫也很便利。

● **材料**：粗铁丝或细藤条、半透明的细目尼龙网布、可伸缩的杆棒（长 2~3m，可使用钓鱼竿改装）

● **做法**：

①将粗铁丝或细藤条圈成网框，网口直径约 40~60cm。

②将细目尼龙网布缝成袋状，网袋长度约网口直径的两倍。缝好的网袋固定在网框上。

③将伸缩杆与网框接合固定即成。

● **备注**：也可改装渔具店所售的最大型渔网，保留网框、网杆，换上细目网布即可。

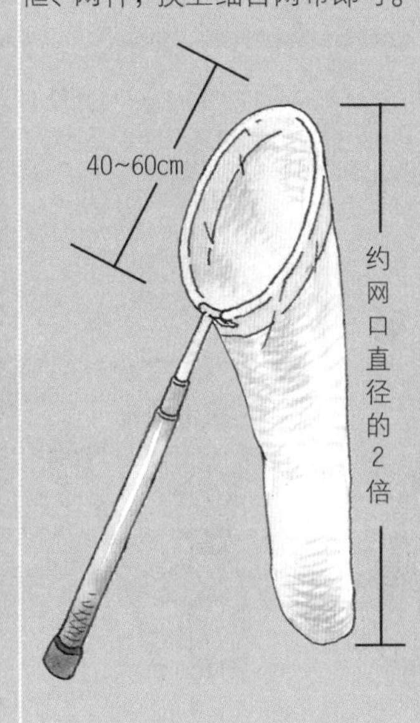

■如何自制吸虫管?

碰到体型微小的昆虫，不管是徒手捕捉或使用镊子采集都很不顺手。此时，吸虫管便成为最方便的工具。

● **材料**：细长的小玻璃瓶、软木塞、橡皮软管、半透明网布、玻璃管

● **做法**：

①小玻璃瓶口塞上软木塞，打两个洞。

②取二根玻璃管，其中一根的一边管口处绑上由 2~3 层网布相叠而成的隔网。

③将两根玻璃管插穿软木塞（有隔网的一端在瓶中）。

④吸虫的一端接上橡皮软管。

● **备注**：隔网必不可免，否则可能将小虫子吸入口中。

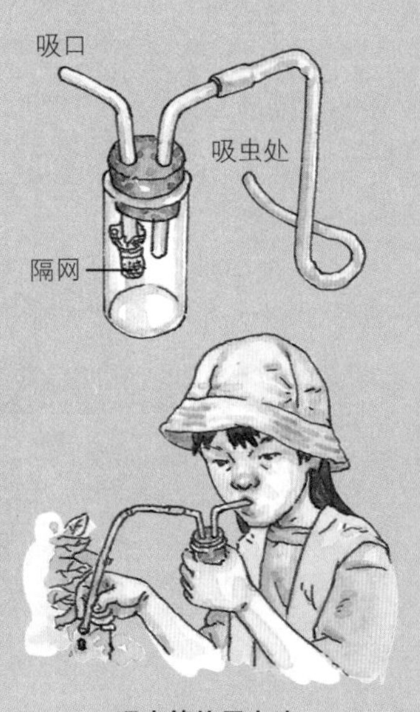

吸虫管使用方法

■如何自制三角纸?

三角纸可防止蝴蝶、蛾类翅膀上的鳞片脱落，也可以保护蜻蜓、豆娘等薄而脆弱的翅膀，是采集上述几类昆虫后，不可或缺的盛装工具。

● **材料**：10cm×15cm 半透明光滑绘图纸（可依昆虫体型调整纸张大小）

● **做法**：依以下图解步骤折叠完成即可。

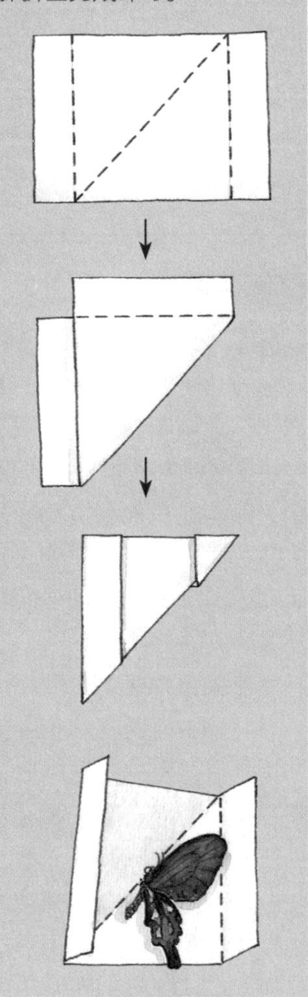

三角纸使用方法

直接捕捉法

【采集对象】

对一些没有危险性而且反应较不灵敏的昆虫，徒手直接捕捉是最方便、最快速的方法，像是象鼻虫、独角仙、金龟子、等都适用。其他如锹形虫、天牛、放屁虫、步行虫、埋葬虫等甲虫，以及蝴蝶、蛾的幼虫，和不擅长飞行的椿象，只要掌握以下小诀窍，亦可直接捕捉。

【采集方法】

●**采集锹形虫、天牛：**它们的大颚会夹人，最好以食指、拇指从前胸或翅鞘前端两侧捕捉，手指较不容易被它们的脚攀住，而遭其反身咬伤。万一被锹形虫夹住手指，千万别试图用力拔开，只要放手一段时间，它们便会自动松开大颚。若随身携带打火机，试着点火烫它们的尾端，可以加速其松开大颚。

●**采集蝴蝶、蛾的幼虫：**部分身上长有细毛或棘刺的蛾幼虫，不宜用手直接碰触，以防过敏红肿。假如要采集不熟悉的种类，可以连同它们栖息的植物枝叶一起摘下，再收入携带的容器中。

●**采集椿象、放屁虫、步行虫、埋葬虫：**这些昆虫在被捕捉时，都会利用身上特殊的异味或腺液来防身，不想弄得满手恶臭的人，可以直接用小塑料罐盛装，或以镊子来夹取。

扫网采集法

【采集对象】

适用于采集飞行中的昆虫，或是驻留在花丛上访花的蝴蝶、蛾、蜂、蝇，或是停栖在草丛间的蝗虫、螽斯等。

这些昆虫的反应比较灵敏，一旦受到惊吓，通常会立刻四处飞窜。因此，捕捉活动范围大、机动性强的昆虫时，捕虫网是最有效的工具。

【采集方法】

将捕虫网网口对准目标，迅速一挥，待昆虫进入网中后，顺势把网子底部在网口处绕一圈，那么被扫入网中的昆虫便无法逃离。

收取在网中的蝴蝶或蛾，若是为了制作标本，那么应立即用手指轻压其胸部将其捏晕，以免它们在网中挣扎过久而伤及翅膀或鳞片斑纹。若采集的蝴蝶、蛾只是为了观察，或想要带回家中饲养、进行人工采卵，就千万不要捏其身体或脚，而要用手指抓取上翅中央。因为翅膀鳞片脱落或部分翅膀受损并不会影响它们的活动，但若是脚受伤，它们便无法正常活动、觅食或停栖。

被捕昆虫可用手直接从捕虫网取出，或是用镊子来夹取，或用吸虫管来吸取。

承网采集法

【采集对象】

很多停栖在花丛或枝叶丛间的鞘翅目甲虫，在遭到惊动时，惯用装死、向下掉落的方式来避敌。假若使用扫网采集法，反而更容易让它们逃脱，因此这类昆虫须用承网的方式采集。

适用的昆虫包括：锹形虫、金龟子、天牛、象鼻虫、吉丁虫、叩头虫、瓢虫、金花虫等甲虫。

【采集方法】

将捕虫网的网口朝上，慢慢靠近停有甲虫的花丛或枝叶丛，再以网框轻轻震动植物的枝条，原本停在网口上方的甲虫便会立即装死，而自动掉入捕虫网中。

使用承网采集法最关键的要诀是，震动枝条的力量要适中，避免因用力过猛，使停在邻近花丛或枝丛上的甲虫也受到惊吓而掉落。

叩网采集法

【采集对象】

部分会利用保护色栖息在树丛间的天牛，在枝丛受到轻微震动时，不但不会立即六脚一缩向下掉落，反而会用脚将枝丛攀得更紧。因此，必须让它们受到非常剧烈的震动，才能够将它们从枝丛间掉落。此时，便要使用稍不同于承网采集法的叩网采集法。

【采集方法】

利用细竹杆撑起大块白布，或是将捕虫网放在枯枝丛下方，然后以棍子猛力敲击可能有天牛躲藏的地方，受到惊吓的天牛便会掉落白布上或捕虫网中。

罩网采集法

【采集对象】

停在地面觅食或休息的蝴蝶、蜂、蜻蜓或豆娘等较敏感的昆虫，并不适合用扫网法采集，因为使用此方法，网框容易碰触到地面或石块杂物，以致无法精准地将这些昆虫扫入网中，此时最适合使用罩网采集法。

【采集方法】

先轻缓地接近这些昆虫，然后将网口朝下、罩在目标上方，迅速将网框贴紧地面，同时拉高网底的部位。此时，受到惊吓的昆虫会本能地向上方飞窜，最后，便深陷在最高点的网底之中。将网底缠绕网框之后，即可把手伸入网中取出昆虫。

水捞网采集法

【采集对象】

一般能够直接目视找到的水栖昆虫，可以使用水捞网直接捞取采集。

未能立即发现行踪的水栖昆虫，通常躲藏在水生植物丛间、水底的烂泥或砂石堆中。可依据现场水域的环境，选择以下两种不同的采集法。

【采集方法】

● **采集静水环境的昆虫**：生活在池子、水塘或缓流水域中的水栖昆虫，可以用水捞网直接对着水生植物丛或水底烂泥来回搅动，几回合之后，再检视网中有没有已经入网的水栖昆虫。

● **采集流水环境的昆虫**：生活在流速较急的溪流或山沟中的水栖昆虫，可将水捞网网口朝上游方向置入水中，接着双脚站在网口前方、不停踢动水底砂石，受到惊动而游起的水栖昆虫便会被水流冲入网中。

夜间灯光诱集法

【采集对象】

适用于各种会趋光的夜行性昆虫，如许多虫迷的最爱——甲虫，就是采用夜间灯光诱集法采集。

【采集方法】

● **目视找寻法**：夜晚在山区的住家窗台边、路灯下，或路灯附近的路面、草丛上，都能找到许多趋光的夜行性昆虫。可以依照种类的不同，以徒手、捕虫网、镊子或塑料瓶罐来采集。

但是，千万记得，别试图以长网或长杆去采集停在高压电线附近的趋光昆虫，以免发生触电的意外事件。

● **打树惊虫法**：许多夜晚趋光飞行的甲虫会停栖、攀附在路灯旁的枝叶丛中，即使用手电筒照明，仍无法一一找到它们的行踪。此时，就必须采用类似叩网的采集法——猛力敲打路灯旁的树丛，那些受到惊吓的甲虫便会纷纷掉落地面或草丛，循着掉落的声音找去，常会有意外的惊喜与收获。

● **自制光源诱集法**：在一些没有路灯照明的林区，有着更丰富的昆虫资源，所以也会有更稀有、罕见的夜行性昆虫。想要有更多收获的行家，通常会采用自制光源诱集法来采集。

可利用自备的小型发电机与水银灯（或黑光灯），在中海拔的林区旁自制夜间的光源。同时，在灯光旁撑起一块大型白布，趋光而来的昆虫即会停在白布上休息，有的也会停在灯光附近的地面上或草丛间。虫况很好的时候，白布上会停满了蛾类和其他的夜行性昆虫。

食物诱集法

【采集对象】

●**喜欢吸食树液的昆虫：**金龟子、锹形虫、虎头蜂及部分蛱蝶等。

●**喜好吸水的蝴蝶：**凤蝶、粉蝶、小灰蝶等。

●**腐食性昆虫：**埋葬虫、粪金龟及部分蛱蝶、蛇目蝶等。

【采集方法】

●**腐果诱集法：**喜欢吸食树液的昆虫，一样也偏好吸食腐果的汁液。这些腐果很容易准备，如腐熟的菠萝或香蕉是用来诱集这些昆虫的最理想诱饵。

外出采集昆虫时，可以事先准备腐熟的菠萝或香蕉，摆在树林旁的阴凉空地上、插在树木的枯枝条尖端，或是摆在树干的树洞中，一段时间后，便会吸引一些昆虫前来觅食。

●**尿液诱集法：**假如在原本已有蝴蝶驻足吸水的潮湿砂地上洒下一大片尿液，那么，发臭的尿骚味不但会吸引更多蝴蝶，而且驻足觅食的蝶群也比平常不敏感，特别适合靠近观察或采集。

●**汗液诱集法：**在山区有浓烈汗臭味的衣物、背包、鞋袜或手套，也常可吸引一些蝴蝶循味前来吸食汗液。在野外活动时，记得多利用此法采集昆虫。

●**逐臭法：**由于食性的差异，有些昆虫特别偏好动物死尸、腐肉或粪便。当然，一般人不便也无须将这些有恶臭的诱饵带在身边。不过在野外采集昆虫时，多少有机会遇到或闻到动物的死尸或粪便气味，如果能暂时忍耐扑鼻的恶臭，循味找去，那么，应该也会有不错的收获。

陷阱采集法

【采集对象】

部分不擅长飞行又不趋光的步行虫，除了偶尔会在林道路面上发现它们的踪影外，平时少有采集机会。因此，有需要时不妨在林道路面上设下小陷阱来采集。

【采集方法】

将塑料瓶空瓶上方三分之一部分切除，再将剩下的三分之二埋在树林地下，使开口处与地面在同一水平面。终日在树林中四处疾行的步行虫，有可能不小心跌入空瓶中而无法脱困。只要把每个空瓶的位置标记好，每隔 3~5 天去巡视一下，也许还可能捕获特别美丽而罕见的昆虫呢！

不过，记得要在瓶底打些小洞，以免因下雨积水而淹死陷阱中的小昆虫。假如能够在陷阱空瓶中放入一些腐果或腐肉，或许采集的成果会更理想。

类似的状况也可能发生在山路边的水泥排水沟中。在山区采集昆虫时，经常巡视路旁的排水沟，偶尔也会找到步行虫或锹形虫等甲虫。

如何饲养昆虫

昆虫的生活史短且变化大，非常适合作为饲养观察的对象。只要掌握以下所列的基本诀窍，一有疑惑就勤查图鉴资料或询问有经验者，当然还得配合爱心、耐心……小小的昆虫世界一定会带给你无穷的乐趣。

饲养昆虫的基本要诀

【要诀一：挑选适合的种类】

许多喜欢抓虫的朋友，常把野外采集到的每一种昆虫都带回家，但没过多久就全军覆没。探究其原因，除了可能是饲养方式不正确以外，没有慎选采集种类也是很重要的因素。

那么，究竟哪些种类的昆虫适合饲养呢?

●**敏感度差、活动力弱的昆虫**：锹形虫、独角仙及蝴蝶、蛾的幼虫等都是理想的饲养对象。相对的，蝴蝶、蜻蜓的成虫敏感又擅长飞行，除非有较大的空间，或是专门带雌虫回去进行人工采卵，否则并不适合采集回家饲养。

●**食物取得容易或有替代性人工食饵的昆虫**：一般鸟店即可买到的面包虫（伪步行虫的幼虫）便是很好的例子。因为它属于杂食性昆虫，举凡面包、朽木、腐叶、饭粒、面粉等，都可以当做它们的食物。相对的，蝉除了敏感度高以外，通常必须在自由度较好的条件下，以口器刺入植物的茎干吸食其树汁，因此并不适合一般大众采集饲养。

●**成虫繁殖力强而容易累代繁殖的昆虫**：蟋蟀、螳螂、面包虫、家蚕蛾等都十分理想，因为它们很容易在人工环境中产卵。饲养它们的成虫，还有机会繁殖出下一代来。

【要诀二：布置适当的栖息环境】

昆虫栖息在各式各样的环境。因此，饲养容器或饲养空间的布置，要尽量符合昆虫的自然生态条件，这样才能提高它们的存活率。

【要诀三：提供水分与适合的食物】

不同的昆虫喜好不同的食物，最好在确认昆虫的身份后，尽可能提供正确的食饵。另外，有些昆虫特别需要水分，可以在饲养箱底层铺上潮湿腐土，或以喷雾罐直接在虫体上喷雾来提供水分。

饲养蝴蝶或蛾

【如何取得种源？】

●**采集幼虫**：直接采集野外植物丛间的幼虫。

●**采集雌虫，再人工采卵**：采集蛾的雌虫后，只要用塑料袋装着，不久它们便会在塑料袋中产下卵粒，这时便可用人工采卵，等待孵化。部分蝴蝶的雌虫也可以用类似方法来采卵，但塑料袋中必须置入幼虫的食用植物叶片，雌蝶才愿意产卵；此外，还可以将雌蝶以网子罩在野外或家中所种植的幼虫食草植物叶丛间，雌蝶产卵的意愿会更高。

【如何布置环境？】

●**用透明塑料盒饲养**：类似养蚕宝宝的方式，但蝴蝶、蛾的幼虫最好单只隔离饲养，只要直接将食用植物叶片投入透明塑料盒（如冰淇淋盒、保鲜盒）即可。不要用纸盒，也不必在盒盖上打满小洞，只要不是完全封闭、不透气的容器即可，不必担心这些幼虫无法呼吸。如此，植物叶片才不会迅速脱水干燥而无法食用。每天勤于清除粪便就能防止叶片发霉。采回的叶片可以像蔬菜般，存放在冰箱保鲜。

●**用食用植物盆栽饲养**：若家中种有食用植物盆栽，蝴蝶、蛾的幼虫便可直接在盆栽叶丛间自由活动、摄食成长，这是最佳的饲养方法。盆栽必须放在室内，以防止鸟类等天敌捕捉幼虫。此外，若要防止幼虫走失，可以用大网子罩住整个盆栽的枝叶丛，或将盆栽置于网箱中，直到幼虫化蛹或结茧为止。

●**用剪回食用植物饲养**：为了防止叶片枯萎，最好将剪自野外的食用植物插在水瓶中，把幼虫饲养于叶丛间。最好将靠近瓶口的部分，用棉花塞住，以防止幼虫爬下、跌入水中淹死，并在外围罩上网子，或是将水瓶连同幼虫的食用植物放入小型的网箱中。

【喂什么食物？】

首先要确认采集回来的蝴蝶或蛾幼虫的身份，并且确认它们的食草植物，然后喂养该植物的叶片。

饲养锹形虫、独角仙或金龟子

【如何取得种源？】

●采集柑橘树等树干上吸食树木汁的个体

●采集夜晚趋光的个体

【如何布置环境？】

●以小水族箱或塑料饲养箱饲养：箱内放入数块潮湿的大型枯木，并铺上腐殖土。同种的雌雄个体可以养在一起，但数量不要太多。

腐殖土要每隔数天喷一次水，以保持适当的湿度。成虫死亡后，不要改变布置的环境，因为雌锹形虫可能已在枯木中产卵，而雌独角仙和雌金龟子也可能已在腐殖土中产卵，倘若照顾得当，隔年会有下一代羽化为成虫。

【成虫喂什么食物？】

切片的苹果、梨子等水果均可。

【幼虫喂什么食物？】

●锹形虫幼虫：以朽木为食。它们会在枯朽的树木茎干中钻洞，啃食碎屑，所以必须留意补充新的朽木茎干。

●独角仙或金龟子的幼虫：均以腐殖土中丰富的腐殖质为食物，因此幼虫会在箱中的腐土底层活动成长。若腐殖土的体积缩小、变得密实，则表示大部分的腐殖质已被消化吸收，此时应补充许多腐叶、朽木屑，或换上新鲜肥沃的腐殖土。

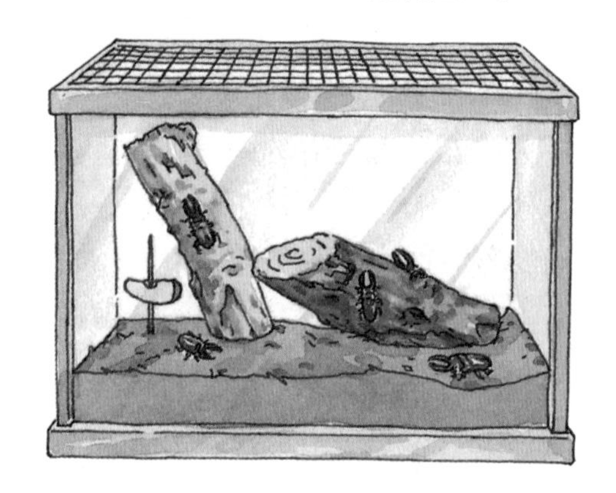

饲养瓢虫

【如何取得种源？】

至野外有蚜虫繁殖的植物丛，即很容易采集到肉食性瓢虫的成虫或幼虫。

【如何布置环境？】

●用盆栽饲养：这是最理想的饲养方式。只要将家中长有蚜虫的盆栽植物以网罩包起来，把肉食性瓢虫或其幼虫放置其中，任其取食蚜虫即可。

●用剪回的植物枝条饲养：将剪自野外、长有蚜虫的植物枝条连同叶片插入水瓶中，将肉食性瓢虫或其幼虫放置其间，任其取食蚜虫。但必须以网罩罩住（或以透明塑料容器倒扣其上，上方打洞，以利透气），以免虫子走失。

【喂什么食物？】

蚜虫是其主食。但以插花方式布置饲养时，蚜虫的数量可能不够瓢虫整个生活史所需，因此，必须每隔一段时间到户外采集蚜虫回来补给。

【注意事项】

以上为肉食性瓢虫的饲养方法。若是饲养植食性瓢虫，则可参考蝴蝶、蛾幼虫的饲养方式（见171页），但必须事先确认其正确的食用植物。

饲养螳螂

【如何取得种源？】

不管成虫或若虫，都需通过野外采集。

【如何布置环境？】

●**用水族箱或大饲养箱饲养**：箱底不一定要有腐殖土，只要在箱中多放置一些枯枝条，以利螳螂自由攀爬栖身即可。

【喂什么食物？】

●**其他活虫**：螳螂是肉食性昆虫，而且习惯捕食活虫。因此，可另外采集蝗虫、蟋蟀放入饲养箱中，让螳螂自由捕食。

●**面包虫**：也可从鸟店购买面包虫作为螳螂的活饵料，若螳螂不愿在箱底捕食细长的面包虫，可以用镊子夹取一条面包虫直接靠近螳螂口器来喂食，或用细线绑上一条面包虫，在螳螂面前悬空晃动。假如螳螂肚子饿，通常会直接伸出前脚夹住食饵，再慢慢咀嚼啃食。

【注意事项】

螳螂食物中的水分可能不敷所需，每天应以喷雾器对螳螂喷一次水，补充水分。

饲养蟋蟀

【如何取得种源？】

●**在户外循声采集**：日夜均可，但夜间较多。

●**利用夜间找寻趋光个体**

●**以罐捕蟋蟀的方式取得**

【如何布置环境？】

●**利用水族箱饲养**：在水族箱中装入至少6~7cm厚的腐殖土，再放置一些落叶、树皮、切开的胶卷罐等，以利蟋蟀栖身躲藏，也可种一些菜苗、豆苗等小植物在其中。记得必须常喷水，保持腐殖土的潮湿。

采集到的同一种类可以全部混养在一起，但由于雌虫的繁殖力甚强，因此雌虫1~2只即可。雌虫会在腐殖土中产卵，一个多星期后，箱中便会陆续孵出许多新的小蟋蟀。

【喂什么食物？】

蟋蟀是食性最广的直翅目昆虫，像是家中方便取得的蔬菜、花生、豆苗、豆芽、鱼饲料、狗饲料、豆干、饼干等皆可，能够提供动、植物混合性食物更好。口渴时，蟋蟀会直接在潮湿的泥土上吸食水分，或每天以喷雾罐向它们喷一些水，即可补充水分，活得久些。

【注意事项】

其他直翅目昆虫，如蝗虫、螽斯、蝼蛄等，均可以相同的方式来布置饲养环境，但必须为它们准备适合的食物。

饲养水栖昆虫

【如何取得种源？】

以水捞网在昆虫的栖息水域中采集，种类可能包括蜻蜓、豆娘水虿及红娘华、负子虫、龙虱等。

【如何布置环境？】

●利用水族箱饲养：依饲养种类的不同，布置环境时要注意以下诀窍。

若饲养的水栖昆虫为蜻蜓或豆娘水虿，则必须安排挺出水面的水生植物、枯枝条、石块等，以利水虿成熟时爬出水面蜕壳羽化为成虫。

若饲养龙虱幼虫或红娘华，水深不宜过深，水族箱中必须有露出水面外的泥土区，以利龙虱幼虫爬出化蛹或红娘华雌虫产卵。

此外，若饲养的水栖昆虫是溪流性种类，则必须在水族箱中安置打气或流水设备，以提供较高的溶氧水量。

【喂什么食物？】

由于蜻蜓或豆娘水虿、红娘华、负子虫、龙虱等水栖昆虫均属于肉食性昆虫。因此，饲养密度不宜过高，要放入数量充足的大肚鱼、蝌蚪等食饵，以利它们自由捕食，才不会发生互相捕食的情形。

如何制作昆虫标本

标本制作可使昆虫的形体长存，有助于日后进一步的研究。不同类型的昆虫有不同的制作方法，但共同的原则是，必须保持虫体各个部分的完整、美观，色彩最好也尽可能维持原样。

制作标本的工具

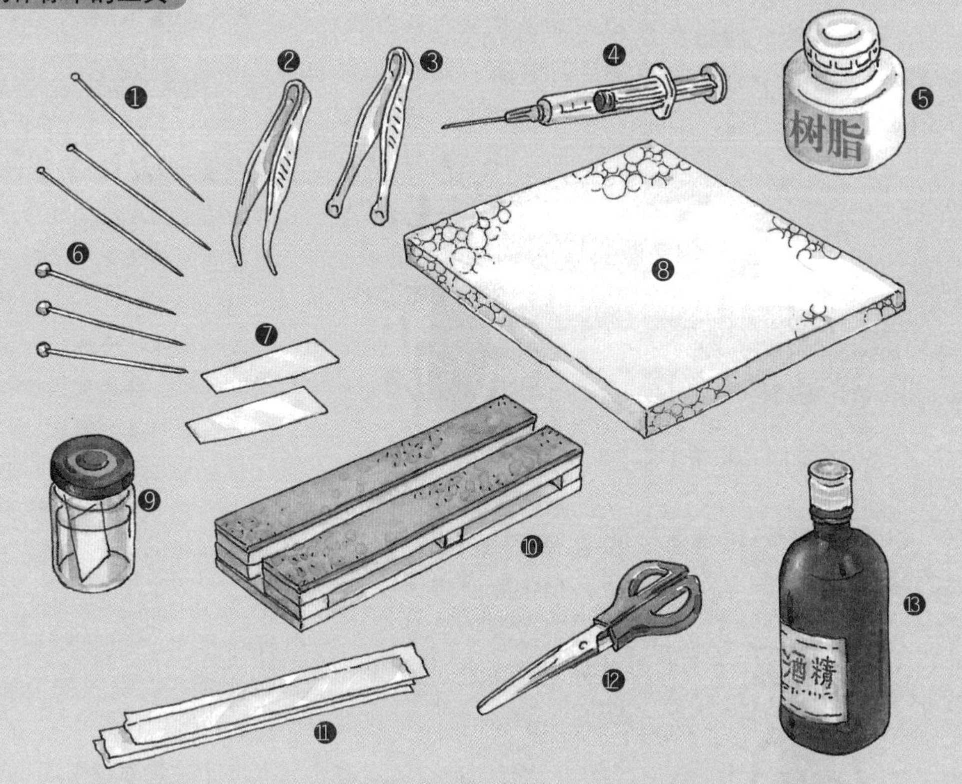

❶**昆虫针**：用来固定虫体位置，分 00、0、1~5 号，数字越大针越粗。

❷**尖镊子**：用来调整身体细部。

❸**扁平镊子**：展翅时用来调整翅膀。

❹**注射针筒**：用来软化标本。

❺**白胶（树脂）**

❻**长珠针**：展翅时用来固定展翅板或标本身体。

❼**白色卡纸**：做小型干燥标本的台纸。

❽**保丽龙板**：用来固定虫体。

❾**标本瓶**：用来装浸泡的标本。

❿**展翅板**：以软木制成，用来伸展昆虫翅膀。

⓫**半透明展翅条**：将描图纸剪成条状，用来协助固定伸展的翅膀。

⓬**剪刀**

⓭**95%的酒精**：小型标本浸泡液。

展脚不展翅标本制作法

【适用昆虫】

所有鞘翅目昆虫。

【步骤】

软化： 刚死亡不久的甲虫，因肢体关节尚未硬化，可直接制作标本。若是死亡多日、虫体已硬化的甲虫，则可以用开水浸泡，约一小时，肢体关节与触角就会软化，即可取出拭干，准备制作。

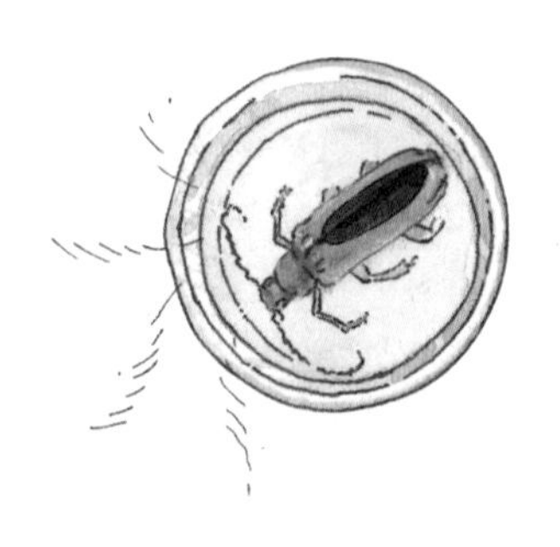

插针： 选择粗细适合的昆虫针，从甲虫右边翅鞘的上方、靠近左右翅鞘接合处，垂直插入，并使昆虫针在翅鞘上方留存1cm左右，再垂直插入保丽龙板中，直到甲虫腹侧贴紧保丽龙板为止。

展脚： 先分别以两根长珠针将甲虫的头、尾两端固定在保丽龙板上，使其不会旋转摇晃。接着以尖镊子夹着各脚安置在适当的位置，并用长珠针将脚固定在保丽龙板上。

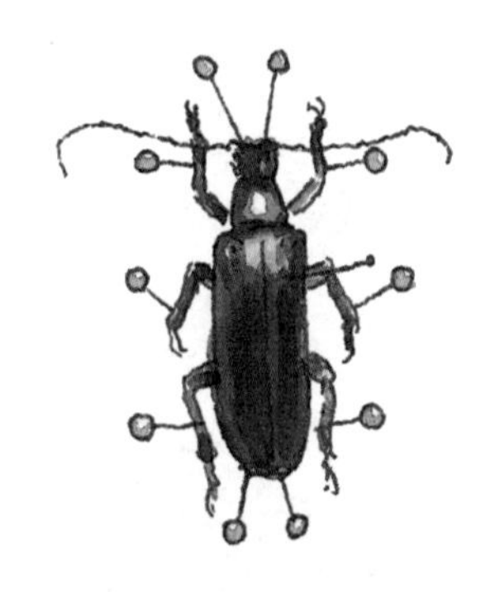

调整并固定触角、口器等部位： 以相同方法，用尖镊子慢慢将身体其他部位调整到最适当、最美观的角度，再以长珠针固定。

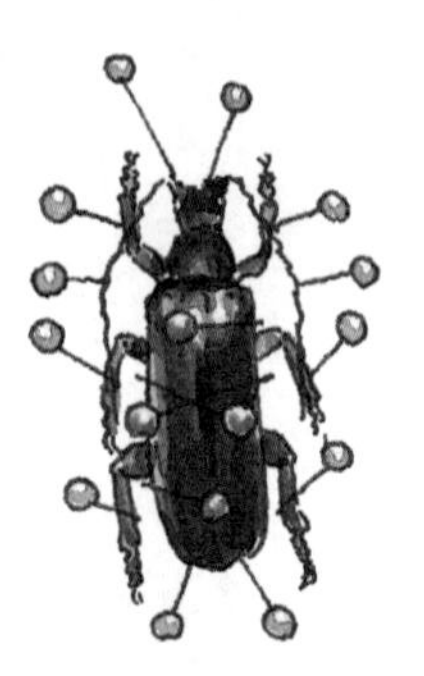

建立资料档： 用固定格式的小纸条，写上此标本的采集地、采集日期、种名、采集者姓名等详细资料后，留存在标本旁，避免与其他标本资料混淆。

採集地：三芝
採集日期：1995年9月3日
•柑橘衮胸天牛•
採集者：张永仁

干燥： 完成制作手续的标本，连同保丽龙板放置在通风干燥处（注意要防止蚂蚁接近），3~4周后，标本就会自然干燥。利用太阳、台灯、烤箱来烘烤，可缩短标本干燥的时间。

典藏： 完全干燥的标本，姿势会固定不变，只要拔掉所有长珠针，将标本小心取离保丽龙板，即可插上记录资料纸，然后收藏在有防虫蛀设施的标本箱中。

【注意事项】

螽斯、蝗虫、蟋蟀、蝉、螳螂、竹节虫、椿象、蜂等昆虫，也可用此方法制作展脚不展翅的标本。但因这些昆虫死后的虫体不适合再重新软化，所以最好在虫体尚未硬化前制作标本。

展翅不展脚标本制作法

【适用昆虫】

蝴蝶、蛾。

【步骤】

● **软化：**若是已经硬化的标本，可用湿棉花或湿卫生纸包住标本的胸部与触角，然后放在密封的小塑料盒中，大约半天即可软化僵硬的翅膀与触角；以热水烫触角也可以立即将其软化。另外，以注射针筒从胸部中央末端注入几次热开水，可以迅速软化翅基的肌肉。

● **插针：**选择粗细适中的昆虫针，从蝴蝶、蛾的胸部背侧正中央垂直插入，上方留存约 1cm 的针头。

接着，将针尖对准展翅板纵沟中央垂直插入，

整根昆虫针尽量和展翅板垂直。

● **展翅：**先将标本向昆虫针下方移降，使翅膀基部的高度比两侧展翅板板面略高约 0.5mm。用展翅条将标本左、右翅平压在展翅板上，再以长珠针固定展翅条。

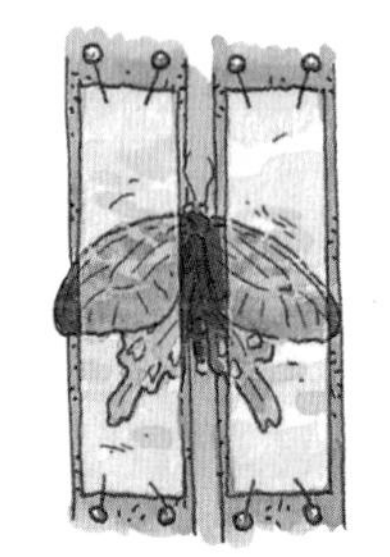

接着，以扁平镊子夹着其中一片上翅向上伸展，直到上翅下缘线与展翅板纵沟垂直，再沿着上翅外侧插上长珠针，用来压紧翅膀、防止再度向下缩回；也可以用 00 号昆虫针针尖，沿着上翅翅脉挑起上翅，移到展翅的正确位置。完

成这个步骤后，再以相同方法将另一边的上翅固定在相对的角度与位置。

然后，以相同方法将下翅也向上移，而且下翅中央线约与上翅下缘直线呈 45° 角，同样以长珠针压紧固定。

最后，将标本向下轻压，使翅膀基部贴紧展翅板板面，完成展翅步骤。

● **调整触角与腹部的角度与位置：**利用长珠针将标本的触角调整至左右对称，并利用长珠针将下垂的腹部撑起，使其水平悬空在展翅板纵沟中央。

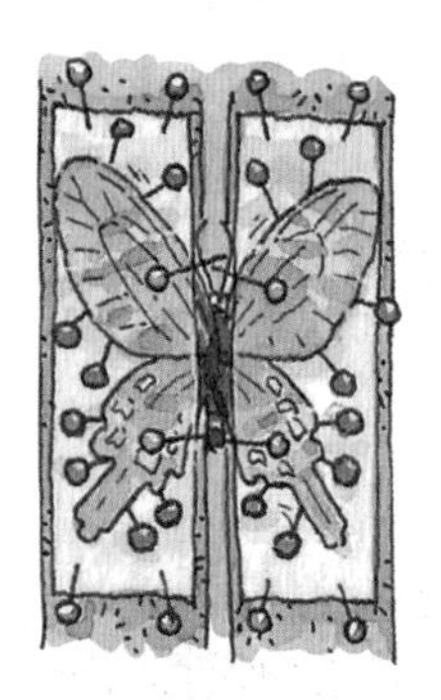

● **建立资料档** ● **干燥** ● **典藏：**和展脚不展翅标本相同。

展脚、展翅标本制作法

【适用昆虫】

蜻蜓、豆娘、蝉、蜂等。

【步骤】

● **插针：** 若标本为蜻蜓、豆娘，插针在胸部背侧中央。其他标本则插针在胸部背侧中央偏右，昆虫针在上方留存约1cm，接着插入保丽龙板中，使标本腹侧贴紧保丽龙板。

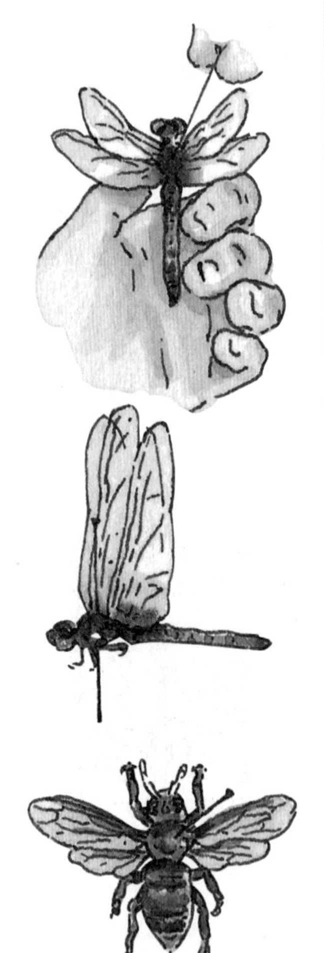

● **展脚：** 以鞘翅目昆虫的展脚方法（见176页），用长珠针将各脚固定在适当位置，使其左右对称。

● **展翅：** 以两片和标本胸部厚度等高的保丽龙板固定在标本左右两侧，再以类似鳞翅目昆虫的展翅方法（见177页），将各翅膀以展翅条和长珠针插压固定。

● **调整触角与腹部的角度与位置** ● **建立资料档** ● **干燥** ● **典藏：** 和展翅不展脚标本相同。

小型昆虫的标本制作法

【适用昆虫】

展翅、插针不易的小型昆虫（体长小于1cm），如瓢虫、金花虫等。

【方法】

● **制作干燥标本：** 可以用一小长条白色厚卡纸当做“台纸”，直接将小标本以白胶黏在台纸的一端，再以昆虫针插上台纸另一端，等标本自然干燥即可。

● **制作浸泡标本：** 不适合或不容易制作干燥标本的昆虫幼虫或小型昆虫，则可以在采集之初以95％浓度的酒精浸泡，事后收藏在能完全密封的标本瓶中。

如何做观察记录

观察是为了更了解昆虫，作观察记录，则可将经验与成果累积保存下来，其与观察本身同样重要。下面介绍 4 种观察记录的方法，大家可以自由选择使用。当然，你也可以采用自己独特的观察记录法。

文字描述记录法

进行昆虫户外观察时，不妨将观察到的昆虫外观特征或生态行为，在现场以文字描述的方法予以记录，内容越详实，日后的参考价值越高。

【记录范例】

统计调查记录法

若要针对某一地区或某一条路线步道的整体昆虫或某类特定昆虫，进行全面性、全年度昆虫族群分布与消长情形的记录时，最好运用统计调查的方式，先制作多份固定的表格，每次调查时，即可迅速填写、勾选记录。

【记录范例】

蝴蝶 生态调查表

日期：86年6月19日　地区：烏來紅河谷
时间：9:00 起 15:00　（路线）
天气状况：晴天　填表人 張永仁

生态调查表	出现地点						数量		觅食情形							生态行为					备注
	路旁	草丛	树林	溪边	田野	其他	♂	♀	花蜜	清水	树液	腐果	粪便	尸体	其他	求偶	交配	产卵	占地盘	其他	
黑挡蝶	✓						一						✓								吸食鳥糞
烏鴉鳳蝶	✓	✓					T	一	✓												
紅邊黃小灰蝶	✓	✓					T	一	✓												展翅日光浴
紫單帶蛺蝶			✓				一												✓		
大鳳蝶		✓	✓				F	T	✓							✓		✓			卵產於柑橘樹葉
單帶蛺蝶	✓						T												✓		爭戰
白條斑蔭蝶			✓					一			✓										

绘图记录法

【记录范例】

擅长绘图的朋友在从事昆虫生态观察时，除了文字记录外，不妨再配合手绘图，将行程中环境的差异与昆虫的分布情形简要描绘下来，印象特别深刻的昆虫与其特殊的生态行为，也可用素描的方式予以“特写”记录。

【记录范例】

摄影记录法

将户外观察的昆虫种类或生态环境及行为，以拍照、摄影的方式留下记录。这是不喜欢制作标本的昆虫爱好者为了日后从事种类鉴定的一种替代性变通做法，只要将照片或录像拿给相关的昆虫分类专家鉴定，大部分应可辨认出来。而且，拍摄下来的昆虫，不论是日后欣赏观摩或教学演讲，也全都派得上用场。因此，昆虫摄影的技术，是从事相关研究工作如虎添翼的重要技能。

【使用家用摄像机】

一般业余的昆虫研究者，若是以家庭用摄像机来拍摄，并不会有太大的困难，只要注意两个重点：第一，在对焦清楚的范围内，尽可能靠近拍摄的主题，就能拍摄到较清楚的特写。第二，尽量以三脚架固定摄像机，避免手持摄像机时造成机身晃动。

【使用单反相机】

用照相机进行平面昆虫摄影时，困难度比家用摄像机高一些。首先必须使用可以更换镜头的单反相机才适宜，因为一般的傻瓜相机很难拍出较佳的效果。

● **选择近距摄影的镜头：** 使用的镜头最好都是有近距摄影功能的特写镜头，例如 200mm 的近距长镜头可以用来拍摄蝴蝶、蜻蜓、豆娘、蜂、蝉等较敏感的昆虫，50~60mm 的近距标准镜头可以用来拍摄比较不敏感的中、大型昆虫。假如想要拍摄蚂蚁、蚜虫等微小昆虫的特写时，除了大倍率的近距镜头外，还必须在镜头与相机间加接近摄环，以增加近摄放大的倍率。

● **小光圈、慢快门：** 进行昆虫平面摄影最常发生的两个难题是，拍得不够大和无法全身都拍得清楚。想要拍得够大，只要利用前面介绍的适当镜头配备，尽量慢慢靠近被摄体来拍摄，应该都能够取得自己满意的拍摄效果。

如果是近距拍摄，整个画面前后清楚的范围往往会很短（景深还够）。于是，若被摄体是一只小昆虫，很容易产生头部清楚、身体其他部分都模糊的结果。

为了解决这个缺失，最好使用小光圈来拍摄，画面上前后清楚的范围会增加许多。但如果是以自然光拍摄，光圈缩小还必须使用慢快门，于是又容易因相机微震造成画面模糊。所以，使用闪光灯来当做光源，可以达到两全其美。

● **运用闪光灯：** 本书的摄影作品拍摄的过程中，多会使用闪光灯。倒不是现场的光线很暗，而是近距离拍摄下，闪光灯的光量非常充足，可以缩小光圈来增加景深，以尽量使被摄的昆虫能够全身都清楚。然而，使用闪光灯摄影时，控制光量的强弱也是一门学问，否则常会产生曝光过度或曝光不足的情况。建议使用较新型的相机，配合全自动的闪光灯，拍摄作品曝光不正常的现象自然会减少很多。

至于其他较深入或较专业的摄影问题，请自行参考摄影书籍。

【后记】

在好友涂淑芳小姐的引荐下，与出版社有了首度的出版合作计划。原本只打算撰写一本昆虫图鉴，于是依事先的盘算，利用昆虫蛰伏的秋冬时节，按照进度，完成图鉴的撰稿工作。心想交稿之后，又可以投身山林郊野和各式虫子打交道。始料未及的，由于合作愉快，又意外地接下了本书的执笔工作，因而在野外昆虫活跃的旺季，只得久蛰斗室努力爬格子。这算是我和昆虫相恋这十多年来，第一次尝到长达一年没有昆虫做伴的痛苦滋味。

话虽如此，如今看见本书完整的编辑成果，心中觉得虽牺牲了一年与虫为伍的时光，但这辈子倒也无怨无悔了。因为在自己的出版经验与一向的认知中，一本书的作者往往身兼采购与伙夫，读者能不能吃到好菜得凭造化，然而这本书却绝不是我的单独创作。在撰稿这半年左右的时间里，生平第一次不断被逼着上市场去选购五花八门的“菜色”，而出版社的编辑们，则是一群最专业的“厨师”，在他们的巧手之下，最后烹调出一道道色香味俱全的“精致佳肴”。在此，谨向为本书出力的诸多伙伴们献上最深的敬意与谢意。当然，也要特别感谢涂淑芳小姐的“牵线”。

此外，罗锦吉与徐涣之两位先生在昆虫销声匿迹的季节中，适时提供了部分短缺的昆虫标本，而台大植物所高美芳小姐提供台湾林相的资料，在此亦一并致谢。

不少人总是以为，在山野间和昆虫为伍是件辛苦的差事，我却深深不以为然，倒也不是拥有舍我其谁的伟大情操，而是个人的确从这样的工作中获得了极大的乐趣，因而能不计代价地坚持至今；而且深深觉得，能够将工作与兴趣相结合，真是上辈子修得的福气。

在所撰写的手稿中，原本有关昆虫生态的“菜色”准备了不少，可是为了饮食的营养均衡，专业的编辑“厨师们”只能忍痛牺牲部分内容，以达内容的整体性。因此，诚心地盼望，有机会能够再和出版社的朋友们合作，以昆虫的有趣生态为主题，将笔者脑海中的观察研究心得完全贡献出来，请广大的同好一起来分享和昆虫相识的喜悦。

张永仁

【图片来源】（数字为页码）

●封面　唐亚阳设计、江彬如绘图、陈辉明标本摄影、张锡福制作

●扉页　郑雅玲绘图

●全书生态照片　张永仁摄影

●全书昆虫标本　张永仁提供、陈辉明摄影

● 14、15、18、19、21、25 上、25 左 下、26、27、31、36、37、40、42、46、49、77、79、96、115、138、140、144、182　黄昆谋绘图

● 59、60、61、62、64、65、66、68、69、70、72、73、74　徐伟斌绘图

● 76、187、188、189　地图陈春惠制作

● 162、164、165、166、167、168、169、171、172、173、174、175、176、177、178　高鹏翔绘图

【作者简介】

张永仁

1959年生于台湾高雄市。1982年毕业于中国文化大学印刷系，专攻摄影。1986年起投入专业自然观察、昆虫生态摄影迄今，目前为许多儿童报刊的专栏作家，长年持续为读者介绍奇妙的昆虫世界。主要著作有《台湾锹形虫》、"阳明山国家公园解说"丛书《赏蝶篇》（三册）、《黑凤蝶——小黑的一生》、《铁甲武士——锹形虫》、《自然探秘——昆虫篇》（套书十二册）、"阳明山国家公园解说"丛书《蜻蛉篇》等。

《自然野趣大观察》

这套书，是了解自然文化的最佳起点。
我国自然资源和人文特色既丰富多样，且独具一格。
本书试图为各种知识找出"入门"的方法，
包含简明易懂的检索、生动有趣的图解、
详尽完整的说明，加上现场观察的秘诀，以及
推荐实地探访的最佳路线……
深入浅出的，开门见山，登堂入室。
只要随身携带本书，
人人都能成为"身怀绝技"的
观察家。

第一本自然人文昆虫生态百科

自然野趣大观察·昆虫（超值版）

▶ 蜘蛛是昆虫吗？从解答这样的问题开始，一步步全面探索多姿多彩的昆虫世界。以简单有趣的方法迅速辨认41类常见昆虫，接着传授与昆虫相遇的基本方法，并讲述现场观察昆虫的要诀，然后提供采集、饲养、制作标本与做观察记录的方法步骤……循序渐进，让你在最短的时间内，由“虫盲”升级为“虫痴”！

第一本野外探寻蕨类的图解指南

自然野趣大观察·蕨类（超值版）

▶ 本书从辨识蕨类的特征开始，带领大家一步步揭开蕨类朦胧的面纱。认识篇全面透视蕨类，相遇篇让你轻松遇见蕨类，观察篇一次传授34科代表性蕨类的辨识要诀，附录则提供采集、记录与制作标本的原则与方法。

第一本开创新视野的鱼类经典百科

自然野趣大观察·鱼类（超值版）

▶ 本书的认识篇溯古通今，全面透视鱼类；环境篇介绍鱼类的栖息地及其分布情况，带你认识鱼类的家；观察篇传授56科鱼类的辨识要诀，并探讨鱼类演化的秘密与有趣的生态现象；附录则提供在鱼市场、水族馆或下海潜水等时候的鱼类观察行动指南！

第一本全面透视野菇的观赏秘籍

自然野趣大观察·野菇（超值版）

▶ 本书从辨识野菇的特征开始，逐步带领大家进入广大而有趣的野菇世界。认识篇逐一解开谜团；观察篇传授野菇辨识要诀和有趣的野菇真相；相遇篇让你轻松寻得野菇；附录则提供野菇观察、记录和采集的方法以及毒菇的辨识方法。期待爱菇的你能借此真正进入野菇的世界！

图书在版编目（CIP）数据

自然野趣大观察：超值版．昆虫 / 张永仁著；黄崑谋等绘．—福州：福建科学技术出版社，2016.7（2018.5 重印）
ISBN 978-7-5335-5078-3

Ⅰ．①自… Ⅱ．①张… ②黄… Ⅲ．①自然科学－普及读物②昆虫－普及读物 Ⅳ．① N49 ② Q96-49

中国版本图书馆 CIP 数据核字 (2016) 第 135374 号

书　　名	**自然野趣大观察·昆虫（超值版）**
著　　者	张永仁
绘　　者	黄崑谋　徐伟斌　高鹏翔　郑雅玲　江彬如
出版发行	海峡出版发行集团 福建科学技术出版社
社　　址	福州市东水路 76 号（邮编 350001）
网　　址	www.fjstp.com
经　　销	福建新华发行（集团）有限责任公司
印　　刷	福州德安彩色印刷有限公司
开　　本	700 毫米 ×1000 毫米　1/16
印　　张	11.5
图　　文	184 码
版　　次	2016 年 7 月第 1 版
印　　次	2018 年 5 月第 5 次印刷
书　　号	ISBN 978-7-5335-5078-3
定　　价	29.80 元

书中如有印装质量问题，可直接向本社调换